U0383476

低碳城镇化空间布局
与规划对策研究

欧阳慧 等　著

中国建筑工业出版社

图书在版编目（CIP）数据

低碳城镇化空间布局与规划对策研究 / 欧阳慧等著. —北京：中国建筑工业出版社，2018.8
ISBN 978-7-112-22411-1

Ⅰ.①低… Ⅱ.①欧… Ⅲ.①生态城市－城市规划－研究－中国 Ⅳ.①TU984.2

中国版本图书馆CIP数据核字（2018）第145954号

责任编辑：周方圆　焦　扬
责任校对：张　颖

低碳城镇化空间布局与规划对策研究
欧阳慧　等　著
*
中国建筑工业出版社出版、发行（北京海淀三里河路9号）
各地新华书店、建筑书店经销
北京点击世代文化传媒有限公司制版
大厂回族自治县正兴印务有限公司印刷
*
开本：787×1092毫米　1/16　印张：12¼　字数：237千字
2018年12月第一版　2018年12月第一次印刷
定价：**50.00**元
ISBN 978-7-112-22411-1
（32280）

课题组成员

课题顾问：

史育龙　国家发展改革委国土开发与地区经济研究所　所长、研究员

课题负责人：

欧阳慧　国家发展改革委国土开发与地区经济研究所城镇发展室
　　　　主任、研究员、博士

课题组成员：

张　燕　国家发展改革委国土开发与地区经济研究所　副研究员、博士

王　丽　国家发展改革委国土开发与地区经济研究所　副研究员、博士

党丽娟　国家发展改革委国土开发与地区经济研究所　助理研究员、博士

王利伟　国家发展改革委经济研究所　助理研究员、博士后

王　琳　中国农业大学马克思主义学院　讲师、博士后

李沛霖　国家发展改革委国土开发与地区经济研究所　助理研究员、博士

李爱民　国家发展改革委国土开发与地区经济研究所　助理研究员、博士

李　智　国家发展改革委国土开发与地区经济研究所　助理研究员、博士

马尧天　清华大学建筑学院　硕士生

前言

    中国城镇化是 21 世纪人类发展的一个重要事件。然而，快速的中国城镇化带来了诸多问题和弊端：城市无序蔓延扩张、交通拥堵、生态环境恶化、碳排放量激增。为此，2013 年年底，中央经济工作会议提出"要把生态文明理念和原则全面融入城镇化全过程，走集约、智能、绿色、低碳的新型城镇化道路。" 2014 年 3 月，党中央、国务院发布《国家新型城镇化规划》，提出了以人为核心的新型城镇化，并将生态文明、绿色低碳作为新型城镇化的核心原则之一。实现中国城镇化和低碳发展的有效结合，已成为中国推进新型城镇化面临的一项紧迫而又艰巨的重要任务。

    对于如何实现城镇化过程中的低碳发展，当前我国注重从技术手段解决低碳问题，而从城镇化规划及空间布局层面减少碳排放的政策设计系统性研究不够。然而城镇化的空间布局对碳排放具有锁定作用，立足于区域、城市、街区等不同城镇化空间维度，从空间布局等根源上研究提出低碳空间布局的典型特征、衡量指标，厘清引起空间布局高碳发展的突出问题，并提出相应的规划对策，对我国城镇化低碳发展具有很强的针对性和重要的现实意义。为此，课题组 2014 年申报了"低碳城镇化空间布局模式及规划对策研究"，被列为中国清洁发展机制基金资助的课题（课题编号：2014072）。

    然而，这是一项难度较大的课题，要求课题组成员以丰富的经验、更准确的判断和更宽广的视野深入系统进行研究与探索，尽量让本项课题研究能够有所突破和创新。我们大胆设想，小心求证，以大量的数据分析为依据，以大量实地调研为支撑，以突破课题的切入点和关键点为路径，艰难地开展了以下工作。一是在综述相关研究的基础上，厘清了城镇化空间布局与碳排放的关系及影响机理，提出了空间布局对碳排放具有锁定作用。二是在分析我国城镇体系的碳排放现状基础上，基于我国城镇体系发展的情景预测，研究提出了我国城镇体系布局低碳优化的策略。三是对城市群空间布局低碳化的典型特征及测度指标进行了研究，并针对我国城市群空间布局引发高碳排放的突出问题进行了识别，提出了促进城市群空间布局低碳优化的规划对策。四是在大量实证研究的基础上，提出了我国城市空间布局低碳化的典型特征与模式，并结合影响我国城市空间布局低碳化的因素分析，提出了我国城市空间布局低碳化的衡量指标及规划对策。五是结合国内外案例，研究提出我国低碳城市街区空间布局的典型特征及衡量指标，并结合我国实际，提出了我国城市街区空间布局低碳化的规划对策。六是为促进我国城镇化空间布局低碳化发展，对城乡规划编制与实施提出了针对性的完善建议。

经过课题组的努力，本课题形成了以下创新的地方。

第一，提出了对我国国土空间实行碳区划划分的思想。在构建区域碳排放关系模型的基础上，以地级及以上城市为空间单元，以碳排放强度、碳排放效率、固碳能力为碳区划的主要判定因子，对标 2030 年中国碳排放峰值目标，将我国国土空间划分为可以全覆盖的碳排放潜力地区、碳排放次潜力地区、碳排放削减地区、碳排放潜力不稳定地区等"3+1"类地区。

第二，对我国城镇体系提出了按照气温带进行低碳优化的思路。利用 IPAT 模型对城镇体系的碳排放进行了量化，通过分温度带的计量回归分析，研究提出了我国城镇体系应该在气温带之间以及气温带内不同经济发展水平地区之间进行低碳优化的对策。

第三，构建了衡量城市群空间布局低碳化程度的指标——城市群紧凑度。从空间、交通、产业等三个维度构可城市群紧凑度指标，并对我国城市群进行了实证分析，研究提出了以"多中心组团式、非均衡紧凑化"优化城市群空间形态，从交通供给与需求"双向发力"推动城市群低碳交通布局优化，以"大集群、小族群"思路建立城市群低碳产业布局体系，以"楔环结合、廊带成网"营造城市群生态空间格局，推进城市群空间布局低碳化。

第四，从城镇体系、城市群、城市、街区等四个维度提出了城镇化空间布局低碳优化的规划对策。从四个空间维度出发，研究提出了低碳空间布局的典型特征、衡量指标以及相应的规划对策，并从规划的理念、指标、内容及规划编制、评估、审批、实施等方面系统性提出了完善我国城乡规划的建议。

在研究过程中，课题组成员专业分工与团队协作相结合，对框架结构和主要结论反复讨论，谨慎求证。课题研究也多次征询专家意见，并得到许多专家学者的大力支持和积极帮助。感谢中国城市规划设计研究院李迅院长、北京大学城市与环境学院吕斌教授、中国人民大学公共管理学院秦波教授、国家气候战略中心刘强主任、国家发展改革委能源所康艳兵主任等专家的真知灼见和悉心指导，感谢国家发展改革委国土开发与地区经济研究所所长史育龙作为课题顾问在课题框架设计和观点论证提出了建设性指导意见。感谢国家发展和改革委员会应对气候变化司在课题研究中给予的大力帮助。

本书是课题组在集体讨论的基础上，分别由课题组成员撰写完成的。欧阳慧负责课题总体框架设计。第一章总论部分是课题总报告。第二章到第七章是课题的分论部分，为课题的专题研究报告，各章执笔人分别是：第一章欧阳慧，第二章张燕，第三章王丽，第四章王利伟、马尧天，第五章党丽娟，第六章李沛霖，第七章王琳、欧阳慧，党丽娟、李爱民、李智对课题资料收集、调研安排和本书的最终出版做了大量具体工作。本书由周方圆、焦扬两位编辑负责最后的修改与审定工作，感谢她们对本书的校译和定稿提供的宝贵意见和辛勤劳动。

本书是课题组近年来对低碳城镇化研究的一些思考和积累，但愿能够吸引更多的有识之士参与到这方面的探索和讨论当中，为积极稳妥推进城镇化低碳发展，并深化这方面的研究有所裨益。低碳城镇化空间布局优化是一个需要不断探索的问题，由于研究视角的不同，以及课题组专业领域、研究水平的局限性，书中不足和遗憾之处在所难免，对书中的缺点和错误希望各位读者不吝赐教，批评指正。

课题组

目　录

第一章 总 论

城镇化空间形态会影响城市的能源消费模式,城镇的空间结构和街区结构、大小、密度以及土地利用模式、交通模式等均会影响城市(镇)的碳足迹,因此低碳城镇化空间布局非常重要。针对城镇化空间形态对碳排放的影响探讨由来已久。1902年英国学者霍华德在其著作《明日的田园城市》中提出了建设田园式城市形态的设想,以避免城市无限制扩张所带来的环境问题。田园城市思想对城市环境问题研究具有启蒙性,一定程度上可以视为"低碳城镇化、低碳城市空间布局及规划"思想的开端。1915年,帕特里克·格迪斯在著作《进化中的城市》中,提倡要遵循自然环境条件,并依据生态原理进行城市规划和建设,这实质上就是强调建立在环境容量和承载力基础上的城市发展。20世纪80年代以来,国际上关于生态环境和可持续发展问题的讨论进一步深化,提出了"生态城市""森林城市""园林城市""绿色城市""低碳城市"等一系列城市发展新理念。特别是进入21世纪,低碳发展理念逐渐深入人心,低碳发展已经从理论研究、路径讨论、模式探索逐渐走向实践层面,低碳发展理念被贯彻到低碳城市、低碳园区、低碳社区、低碳城市群等建设实践层面。

21世纪以来,随着世界发展面临资源、环境、气候变化等多重危机,我国快速推进的城镇化也遇到了资源与环境方面越来越强的硬约束,低碳问题成为全球性主题。改变过去高扩张、高排放、高污染的粗放型城镇化模式,积极探索城镇化低碳转型发展之路,成为我国新型城镇化发展的重要途径,对低碳城镇化的空间布局的研究随之变得越来越重要。即在低碳发展和生态文明建设战略下,通过规划引导,优化城镇生产生活生态空间利用结构,改变过去生产空间散布、生活空间凌乱、生态空间不足以及生产生活生态空间开发强度"过疏"或"过密"等现象,构建低碳型城镇化空间布局,不断促进低碳型街区、低碳型市、低碳型城市群、低碳城镇体系的空间优化。

开展"低碳城镇化空间布局模式及规划对策"研究,旨在研究提出我国城镇体系、城市群、城市、街区等的低碳型空间布局模式,为制订城镇体系、城市群、城市、小城镇、社区低碳发展的空间布局导则及规划指引提供支撑,为完善城镇化低碳发展的规划编制方法提供参考,探寻从城镇化规划和空间布局角度减少碳排放、应对气候变化的切实可行的政策措施。这既是解决当前我国城镇化空间布局高碳发展的现实选择,也是深入推进新型城镇化规划、全面应对气候变化的战略要求，更是深化理论探讨、丰富城市经济学和经济地理学等相关学科理论的客观需要。

一、城镇化空间布局与碳排放的关系

（一）我国高度重视应对气候变化与推进低碳发展

气候变化问题是 21 世纪人类生存发展面临的重大挑战，积极应对气候变化、推进低碳发展已成为全球共识和大势所趋。中国人口众多，气候条件复杂，生态环境脆弱，是最容易受到气候变化不利影响的国家之一。作为世界上最大的发展中国家，长期以来，中国高度重视气候变化问题，并在中央和地方政府建立了应对气候变化领导小组或跨部门的协调机构，扎实推进应对气候变化各项工作。为此，中共中央、国务院先后发布了《加快推进生态文明建设的意见》《生态文明体制改革总体方案》等重要文件，明确把加快推进生态文明建设作为积极应对气候变化、维护全球生态安全的重大举措，把绿色发展、循环发展、低碳发展作为生态文明建设的基本途径，加快建立系统完整的生态文明制度体系，增强生态文明体制改革的系统性、整体性、协同性。《中华人民共和国国民经济和社会发展第十三个五年规划纲要》提出把"创新、协调、绿色、开放、共享"作为中国发展的核心理念，绿色发展在国家发展战略中的地位进一步提升。

早在 2009 年，中国向国际社会宣布，到 2020 年单位国内生产总值二氧化碳排放比 2005 年下降 40% ~ 45%，非化石能源占一次能源消费比重达到 15% 左右，森林面积比 2005 年增加 4000 万 hm^2，森林蓄积量比 2005 年增加 13 亿 m^3。为实现上述目标，我国积极实施了《中国应对气候变化国家方案》《"十二五"控制温室气体排放工作方案》《"十二五"节能减排综合性工作方案》《节能减排"十二五"规划》《2014—2015 年节能减排低碳发展行动方案》和《国家应对气候变化规划（2014—2020 年）》，加快推进产业结构和能源结构调整，大力开展节能减碳和生态建设，并在 7 个省（市）开展碳排放权交易试点，在 42 个省（市）开展低碳试点，探索符合中国国情的低碳发展新模式。"十二五"期间，通过调整产业结构、优化能源结构、节能提高能效、控制非能源活动温室气体排放、增加碳汇等，我国在减缓气候变化方面取得了积极成效。截至 2015 年，我国单位国内生产总值二氧化碳排放比 2005 年下降 38.6%，比 2010 年下降 21.7%；非化石能源占能源消费总量比重达到 12.0%，水电装机达到 3.2 亿 kW，是 2005 年的 2.7 倍，森林面积比 2005 年增加 3278 万 hm^2，森林蓄积量比 2005 年增加 26.8 亿 m^3 左右，应对气候变化能力建设进一步加强。

2015 年 12 月 12 日，在巴黎气候变化大会上，195 个国家的代表就共同应对气候变化一致通过了《巴黎协定》，我国根据此前公布的《中国国家自主贡献预案强化应对气候变化行动——中国国家自主贡献》（INDC），明确了2030年应对气候变化行动目标。即确定了二氧化碳排放2030年左右达到峰值并争取尽早达峰，2030年单位国内生产总值二氧化碳排放比2005年下降60%～65%，非化石能源占一次能源消费比重达到20%左右，森林蓄积量比2005年增加45亿m³左右。根据协议确定的目标，我国通过调整产业结构、优化能源结构、节能提高能效、控制非能源活动温室气体排放、增加碳汇等，提出强化应对气候变化行动政策和措施，并在减缓气候变化方面取得了积极成效。

（二）城镇化成为影响我国碳排放的重要因素

1. 我国城镇化二氧化碳排放现状与发展趋势

城市（镇）是人口、建筑、交通、工业、物流的集中地，也是能源消耗的高强度地区。按照我国统计数据测算，2010年全社会能源燃烧带来的二氧化碳排放量为72.5亿t[①]，其中城镇建筑[②]及交通领域[③]二氧化碳排放分别为10.1亿t及6.5亿t，占全社会二氧化碳排放量的30%左右。其中，交通领域碳排放主要来自油品燃烧，城镇建筑领域碳排放主要来自煤炭燃烧及电力。从地区看，中国35个特大城市的人口仅占全国人口的18%，贡献了全国二氧化碳排放量的40%，而中国城镇居民的二氧化碳排放量占全部居民二氧化碳排放总量的比例更是高达73%。

面向未来，我国将进入城镇化驱动经济与社会发展的新时代，城镇化将取代工业化，在中国总体布局、四化同步、五大建设中起着核心驱动作用，在工业碳排放即将达峰情况下，中国城镇化将成为未来碳排放增长需求的主要来源。2020年，中国城镇化率预计将达到60%的水平，2050年将可能达到75%～80%的水平，城镇化建设基本完成。考虑到我国人均用能水平仍远落后于发达国家水平，仅是美国水平的1/3和欧盟、日本水平的60%，同时我国农村地区经济和能源消费水平和城镇还存在很大差距，城镇地区人年均收入和人均生活用能分别是农村地区的4.1倍[④]和1.4倍[⑤]，我国城镇化的推进必然将伴随着能源消耗和碳排放的较快增长，若不加以合理控制和引导，将会对全社会的低碳转型进程造成严重影响和制约。

2. 低碳城镇化将成为我国经济社会发展的重要任务

快速城镇化过程中的碳排放主要来源于土地利用和能源利用。土地利用中，随着城市建设高速发展以及城市空间"摊大饼"式扩张，大量原来作为碳汇的

---

① 不含工艺过程排放；不含除二氧化碳以外的其他温室气体排放；包含电力及热力排放。

② 包含公建及城镇建筑二氧化碳排放，不含农村建筑二氧化碳排放。

③ 此处交通领域碳排放指全社会交通领域碳排放，未将交通领域碳排放拆解至城镇及农村领域。

④ 周其仁指出城市人口、农村人口每人平均的年收入相差3.1倍。

⑤ 数据来源:《中国能源统计年鉴2013》

植被和农田转变为建设用地，导致碳汇变成了碳源。能源利用中，城市能源消耗主要包括工业、建筑、交通、家庭等部门。一般来说，现代服务业越发达的城市，建筑能耗在总能耗中的比例越高；由于城市空间利用不合理，公共交通不发达，加大了私人汽车通勤和出行的比重。经济越发达的城市，交通能耗占比也越高。此外，城市家庭生活消费碳排放也不容忽视。

从全球范围来看，不论是发达国家还是发展中国家，都在城市化进程中出现严重的资源与环境问题，城市发展面临"城市病"的困扰。随着中国工业化、城市化进程不断加快，人们生活水平不断提高，导致二氧化碳排放增长越来越快。当前我国城镇化速度是每年约1个百分点，这1个百分点意味着每年新增建筑面积近20亿 m²、机动车近2000万辆，以2010年建筑和交通的单位能耗量计算，这部分增量相当于约4700万 t 标煤和1.2亿 t 碳排放。"十三五"时期是我国城镇化快速发展的重要阶段，城镇化成为我国拉动内需的潜力所在，城镇产业及人口的快速聚集，城市空间的扩大，资源消耗不断增加，将成为未来我国碳排放和能源资源需求增长的主要领域，由此带来的减排任务将更加艰巨。

若延续上述高碳式的发展道路，我国人均居住面积和千人汽车拥有量到2050年将会上升到45m² 左右和接近400辆的水平，相当于2010年水平的1.4倍和6倍以上。在此发展路径下，即使充分考虑能源效率提升和结构优化的因素，建筑部门碳排放的峰值仍将延迟至2040年后才能出现，交通行业碳排放在2050年前仍将会保持快速增长态势，全国碳排放将延迟至2040年左右达峰，峰值水平将超过130亿 t，无法顺利兑现2030年碳排放达峰的目标。此外，相关测算显示，我国东部人口密集地区"耗煤空间密度"和"耗油空间密度"已分别达到全球平均值的6倍和3倍[①]，上述发展模式下我国东部地区的能源资源消耗更将进一步突破环境生态约束，"天蓝、地绿、水清"的美丽中国梦也将难以实现。从上述分析可以看出，如何合理控制和满足城镇化过程中由于农村人口转变为城镇人口、农村用能水平向城镇靠近和中国城镇用能需求的提升带来的日益增长的碳排放，将是中国实现城镇化低碳发展的关键任务之一。低碳发展是解决问题、统筹经济社会发展与应对气候变化的根本途径，探求低碳发展路径则是促进经济社会与资源环境协调和可持续发展的战略选择。因此，从城市规划和布局角度考虑怎样降低资源的消耗和碳排放，如何提高城镇化发展质量，加快推动城镇发展模式转型，探索以低碳为特征的城镇化发展道路的任务十分紧迫，也是我国经济社会发展面临的重大课题。

（三）空间布局对城镇化碳排放具有锁定作用

空间结构对于城镇化地区发展有长期结构性的作用，对推进低碳城镇化具

---

① 杜祥琬. 能源革命——为了可持续的未来 [J]. 北京理工大学学报（社会科学版），2014，5.

有重要意义，是城镇化地区减少碳排放不可或缺的政策手段。在美国，由于缺乏对城镇化空间结构的有效引导和干预，城市化地区中一半以上的土地已经形成密度过低的"蔓延"形态，无法达到保证公共交通系统基本运营的最低门槛，将永久性地依赖于私人汽车。面对这种局面，仅仅依靠节能技术的发展是无法解决碳排放问题的，况且已有研究发现单纯的技术进步反而有可能引起反弹效应：在燃油价格不变的前提下发展汽车节能技术，势必减少单位距离出行成本，反而可能激发更远的通勤距离和更蔓延的城市形态[①]。

按照碳排放终端统计，城镇化地区碳排放的三大来源是工业、建筑和交通，而空间结构正是影响建筑碳排放和交通碳排放的重要因素。随着城市产业结构的升级，工业碳排放所占的比例将持续下降，交通和建筑所产生的碳排比重将提高，因此空间结构优化的重要性愈发明显。2000年在英国的工业城市布里斯托，住宅和商用建筑的碳排放占全市的37%，交通占全市的36%，工业占22%。在后工业化城市伦敦，住宅建筑所产生的碳排放占总量的38%，商用和公共建筑占33%，交通占22%，只有不到7%的碳排放来自于工业生产。而在同样进入后工业化阶段的首尔，2006年交通碳排放占总量的42%，住宅和公共建筑的碳排放占40%，工业仅占2%。从终端统计看，北京的工业、建筑和交通碳排放三者之间的比例有向发达国家后工业化城市（伦敦、首尔）趋同的走势，建筑排放和其他方式（以交通为主）的排放在北京的比重越来越高，工业碳排放的比重则在降低。以上分析可以看到，随着城市产业结构升级，工业碳排放所占的比例持续下降，与空间布局与形态密切相关的交通和建筑所产生的碳排放比重逐步提高，空间结构优化将在碳排放减少中发挥重要作用。

空间布局与城市交通、城市能源消耗、碳排放之间存在较强的相关关系。空间布局形态对城市运行及要素配置具有锁定效应[②]，对提升城市能源的使用效率、降低碳排放水平有重要作用。城市规划师和城市决策者日益相信城市的空间规划和可持续发展的前景之间存在着必然的联系，合理的城市空间布局与形态能够降低城市的交通需求，交通发生量的减少可以有效地抑制能源的需求和环境的污染。城市空间布局与形态会对居民的日常行为产生结构性的影响；并且城市空间布局与形态一旦形成就很难改变，对居民的日常活动行为及温室气体排放具有长期且深远的影响[③]。在欧美，高达2/3的人口居住在城市，也面临着同样的城市环境压力。即使采用了清洁能源和先进技术，但开放空间的丧失、交通拥挤、噪声和空气质量下降等问题仍呈现出不断上升的趋势。这种似乎难以缓解的压力说明了仅仅依靠技术的进步并非城市环境问题的解决之道，

① Marshall J. D.Energy—efficient Urban Form[J]. Environmental Science & Technology，2008.
② Marshall J. D.Energy—efficient Urban Form[J]. Environmental Science & Technology，2008：3133-3136.
③ 刘志林，戴亦欣，董长贵，齐晔 . 低碳城市理念与国际经验 [J]. 城市发展研究，2009，16（6）：1-7.

而有必要对现状的城市组织结构和城市发展形态进行反思[①]。

城镇化空间布局与形态对碳排放的影响主要有三方面机制。一是较高的密度、混合的土地利用和紧凑的空间形态能够减少居民出行距离和需求，提高公共交通设施利用率，从而减少化石燃料消耗，降低交通碳排放。众多实证研究表明：通过适当提高城市的人口（或经济活动）密度、合理布局就业中心、科学配置公共交通等空间规划手段，可以大幅度降低城市中居民机动车出行次数和距离，减少碳排放。比如，Cervero 和 Kockelman 在旧金山发现：如果零售服务业密度上升 1%，户均机动车出行次数将减少 0.08%；就业可达性上升 1%，机动车行驶距离将降低 0.34%；郊区社区中常见的末端路降低了道路网络的整体可达性，十字路口则提升了可达性，所以如果十字路口数量增加 1%，户均机动车行驶距离将降低 0.09%[②]。就城市整体而言，Newman 和 Kenworthy 采用世界一百多个大型城市数据，实证密度与人均能耗量之间存在着某种规律性的联系，即城市密度越低的城市能耗量越高，相反密度越高的城市，如中国香港却依靠着庞大的交通系统产生了较少的能耗[③]。二是较高的密度能够减少住宅、商场、办公楼等用于冬季采暖、夏季降温的建筑能耗。城市密度可以通过热岛效应、能量运输和存储等途径影响能源消耗，面积越大、分布越离散的房屋需要更多能源，因此高密度地区建筑的户均能耗相对较低。例如，在美国，埃文和荣恩则发现非蔓延型的社区比蔓延型社区的户均能耗要低 20%[④]。三是更为紧凑和科学的空间形态可以有效减少新建大型基础设施的需求，比如公路、管道等，间接到达减排效果。美国 EPA 的一项关于开发模式的区域模型的研究指出，紧凑的、功能混合式的开发有助于减少机动车出行和与道路交通相关联的大气污染[⑤]。芬兰的研究表明，赫尔辛基如果采取紧凑的城市发展方式，可以在城市交通、区域集中供热方面节省能源，从而在 2010 年减排二氧化碳近 35%[⑥]。

低碳城镇化空间布局的优化，即从空间布局角度削减城镇化地区二氧化碳排放量，这关系到街区、城市（镇）、区域（城市群、城镇体系）三个尺度的工作。大量的研究及实证表明，从街区、城市（镇）、区域三个尺度的空间优化来减少碳排放，要聚焦到以下几个方面。第一，街区尺度着重引导形成合理的建筑密

① EPA, Our Built and Natural Environments: A Technical review of the interactions between land use, transportation and environmental quality[R]. Washington. 2001.

② Cervero R., Kockelman K. Travel Demand and the 3Ds: Density, Diversity, and Design[J]. Transportation Research D, 1997, 2: 99-219.

③ Newman P., Kenworthy J. Sustainability and Cities, Overcoming Automobile Dependence[M].Washington DC: Island Press, 1999.

④ Ewing R., Rong F. The Impact of Urban Form on U.S. Residential Energy Use[J]. Housing Policy Debate, 2008, 19(1): 1-30.

⑤ EPA, Our Built and Natural Environments: A Technical review of the interactions between land use, transportation and environmental quality[R]. Washington. 2001.

⑥ Hamin E.M., Gurran N. Urban form and Climate Change: Balancing Adaptation and Mitigation in the U.S. and Australia[J]. Habitat International, 2009, 33: 238-245.

度或土地利用强度。第二，城市（镇）尺度要分别从城市形态、交通体系、土地利用出发，建设紧凑型城市（减少机动车交通发生量），推进空间布局公共交通导向（减少对私家车的依赖度），构建安全的生态格局（形成碳汇系统）。第三，区域尺度要从减少运输里程、强化城市群内外的经济联系角度减少碳排放。

二、我国城镇体系的低碳优化

（一）当前我国城镇体系的碳排放分布

根据测算，2014 年我国地级及以上城市碳排放总量达到 19.96 亿 t。其中，亚热带城市 10.6 亿 t、暖温带城市 7.04 亿 t、中温带城市 2.3 亿 t。总人口、城市数量、碳排放总量基本呈正相关关系。2014 年，亚热带人口占地级及以上城市总人口的 53.65%、城市数量占 50.90%、碳排放量占 53.16%，基本上处于二分之一的水平；暖温带人口占 35.47%、城市数量占 31.90%、碳排放量 35.31%，基本上处于三分之一的水平；中温带人口占 10.88%、城市数量占 17.20%、碳排放量占 11.53%，处于六分之一左右水平。但平均水平有一定差异，从城市均人口来看，暖温带最高 167.92 万人，其次是亚热带 159.20 万人，最后是中温带 95.53；从城市均碳排放量来看，暖温带 791.13 万 t、亚热带 748.18 万 t、中温带 478.57 万 t。但从人均碳排放来看，中温带 5.02t/ 人、暖温带 4.71t/ 人、亚热带 4.69t/ 人，中温带最高。从上述数据来看，中温带平均水平与暖温带和亚热带相比差距较大（表 1-1）。

2014 年按温度带划分的地级及以上城市碳排放现状　　表 1-1

项目\温度带	总人口		碳排放量		城市数量		市均人口	市均碳排放量	人均碳排放量
	万人	%	亿 t	%	个	%	万人	万 t	t/ 人
亚热带	22606.2	53.65	10.60	53.16	142	50.90	159.2	748.2	4.69
暖温带	14943.8	35.47	7.04	35.31	89	31.90	167.9	791.1	4.71
中温带	4585.6	10.88	2.30	11.53	48	17.20	95.5	478.6	5.02

（二）我国城镇体系的碳排放情景预测

1. 人口规模预测

依据 2003 ～ 2014 年的地级及以上城市人口数据，采用趋势外推法对总人口规模进行预测。并按照同样方法，对亚热带、暖温带、中温带的人口规模进行预测。从 2003 年到 2014 年，亚热带人口从 17832.9 万人，增至 22606.2 万人，增长 26.77%；暖温带人口从 11826.2 万人增至 14943.8 万人，增长了

2003～2014年按温度带划分的地级及以上城市人口（单位：万人）

表1-2

年份 温度带	2003	2004	2005	2006	2007	2008	2009	2010	2011	2012	2013	2014
亚热带	17832.88	18104.33	18987.67	18940.18	19189.83	19455.12	19727.29	19943.42	20529.1	20764.2	21676.6	22606.2
暖温带	11826.24	12268.69	12521.18	12748.3	12935.65	13123.00	13289.74	13784.66	13994.0	14268.1	14314.7	14943.8
中温带	4032.244	4106.57	4168.56	4321.68	4404.13	4410.52	4462.45	4495.75	4516.7	4533.8	4585.8	4585.6
总人口	33691.36	34479.59	35677.41	36010.16	36529.61	36988.64	37479.48	38223.83	39039.8	39566.1	40577.1	42135.6

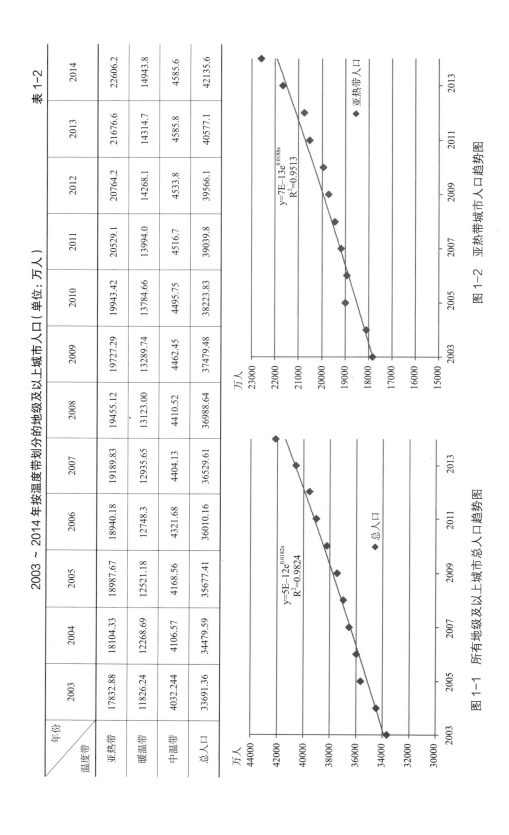

图1-1 所有地级及以上城市总人口趋势图

$y=5E-12e^{0.0182x}$
$R^2=0.9824$

图1-2 亚热带城市人口趋势图

$y=7E-13e^{0.0188x}$
$R^2=0.9513$

26.36%；中温带人口从 4032.2 万人增至 4585.6 万人，仅增长 13.72%。所有地级及以上人口从 33691.4 万人增至 42135.6 万人，增长 25.06%。如表 1-2 所示，利用趋势外推法推算的各温度带和全部地级及以上城市的人口增长情况，如图 1-1 ～图 1-4 所示。

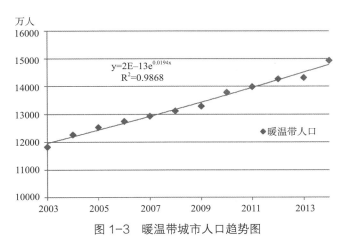

图 1-3 暖温带城市人口趋势图

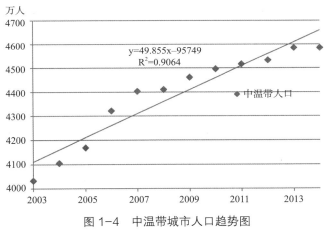

图 1-4 中温带城市人口趋势图

2. 碳排放情景分析

根据《国家新型城镇化规划（2014 ～ 2020 年）》，2020 年常住人口城镇化率达到 60% 左右，努力实现 1 亿左右农业转移人口和其他常住人口在城镇落户。根据我们的计算，按照自然增长，到 2020 年，各个温度带地级及以上城市总人口将达到 4.76 亿，较 2014 年增长 5494 万人。由于我们选取的是地级及以上城市市辖区人口，相当于 54% 将通过农业人口直接迁移、农业人口迁移小城镇、小城镇迁移地级市等多种形式，增加地级及以上城市常住人口规模。在此，情景分析如下。

1）城镇体系布局基准情景

在人口规模预测中，各温度带人口自然增长总额超过全样本值自然增长。我们以各温度带城市人口自然增长为基准情景，利用 EVIEWS 软件，分别针对全样本、亚热带、暖温带、中温带进行回归分析，依次测算温度带城市人口自然增长，以及由此引发的碳排放增量。通过此种方法，到 2030 年，全国地级及以上城市人口分布如表 1-3、图 1-5 所示。

基准情境下全国地级及以上城市人口分布（单位：万人）　　　表 1-3

温度带 ＼ 年份	2015	2016	2017	2018	2019	2020	2021	2022
亚热带	19817.17	20193.26	20576.48	20966.98	21364.88	21770.34	22183.5	22604.49
暖温带	18968.61	19340.2	19719.06	20105.34	20499.2	20900.76	21310.2	21727.65
中温带	4708.825	4758.68	4808.535	4858.39	4908.245	4958.1	5007.955	5057.81

温度带 ＼ 年份	2023	2024	2025	2026	2027	2028	2029	2030
亚热带	23033.48	23470.6	23916.02	24369.9	24832.39	25303.65	25783.86	26273.18
暖温带	22153.28	22587.25	23029.72	23480.86	23940.84	24409.82	24888	25375.54
中温带	5107.665	5157.52	5207.375	5257.23	5307.085	5356.94	5406.795	5456.65

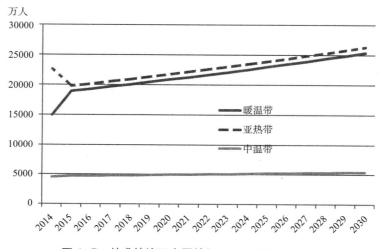

图 1-5　基准情境下全国地级及以上城市人口分布

在基准情境下，根据面板数据所得的回归式，求出在此人口布局下的碳排放量，如表1-4所示。2020年，地级及以上城市因人口分布所引起的碳排放量为22.04亿t，较2014年增长2.07亿t；2030年，因人口分布所引起的碳排放量为25.34亿t，较2014年增长5.38亿t。

基准情景下由人口分布所引起的碳排放量（单位：亿t）　表1-4

年份 项目 温度带	2020		2030	
	总额	较2014年增长	总额	较2014年增长
亚热带	10.32	−0.30	11.91	1.28
暖温带	9.40	2.36	11.12	4.08
中温带	2.31	0.01	2.32	0.02
地级及以上城市	22.04	2.07	25.34	5.38

2）城镇体系布局低碳情景

以地级及以上城市人口自然增长、各气候带按比例增长为低碳情景。以上文人口规模预测为基础，趋势外推出至2030年的地级及以上总人口规模。进一步，根据前文各气候带自然增长的分布比例，测算出相应年份各个气候带的人口规模，如表1-5、图1-6所示。进一步，根据上文的回归式，测算各温度带城市人口自然增长引发的碳排放增量。

低碳情境下全国地级及以上城市人口分布（单位：万人）　表1-5

年份 温度带	2015	2016	2017	2018	2019	2020	2021	2022
亚热带	19251.2	19617.13	19990.11	20370.26	20757.73	21152.62	21555.1	21965.28
暖温带	18426.88	18788.41	19157.12	19533.15	19916.64	20307.72	20706.54	21113.24
中温带	4574.34	4622.91	4671.53	4720.12	4768.76	4817.42	4866.09	4914.79

年份 温度带	2023	2024	2025	2026	2027	2028	2029	2030
亚热带	22383.32	22809.35	23243.51	23685.97	24136.86	24596.34	25064.56	25541.69
暖温带	21527.97	21950.88	22382.14	22821.88	23270.28	23727.5	24193.69	24669.04
中温带	4963.49	5012.21	5060.95	5109.69	5158.44	5207.20	5255.96	5304.73

低碳情境下，2020年，地级及以上城市因人口分布所引起的碳排放量为21.58亿t，较2014年增长1.62亿t；2030年，因人口分布所引起的碳排放量为24.82亿t，较2014年增长4.86亿t（表1-6）。

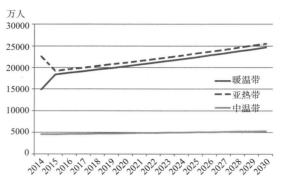

图 1-6 低碳情境下全国地级及以上城市人口分布

低碳情景下由人口分布所引起的碳排放量（单位：亿 t） 表 1-6

温度带 \ 项目 \ 年份	2020		2030	
	总额	较 2014 年增长	总额	较 2014 年增长
亚热带	10.10	−0.52	11.66	1.03
暖温带	9.17	2.13	10.85	3.81
中温带	2.30	0.01	2.32	0.02
地级及以上城市	21.58	1.62	24.82	4.86

3）城镇体系布局高碳情景

由于数据获取仅为地级及以上城市数据，理论上应考虑人口迁移至非地级及以上城市的城市和镇区的情况，但受数据获取限制，仅能在地级市内部设置情景分析。另外，由于地级及以上城市人均碳排放要低于其余城镇，因此，人口不能合理流入地级及以上城市的情况为高碳情景。在此，受数据可获性限制，无法进行城镇体系布局高碳情景预测。

（三）我国城镇体系布局低碳优化的规划策略

1. 在遵循规律前提下适当引导人口向暖温带和亚热带集聚

不同气候区域的碳排放影响具有差异。人均碳排放量方面，在当前经济社会发展阶段和技术水平下，中温带大于暖温带，而暖温带大于亚热带。其中，中温带的人均碳排放比亚热带高出 7.04%。通过面板数据的回归分析发现，随着人口的增长，不同温度带下所引起的碳排放量增长不同，分别是：暖温带的碳排放量大于亚热带，中温带的碳排放量高于平均值，即同样的人口数量布局在不同区域，所引起的碳排放增长不同。但是人口增长和分布具有自身的规律，不能简单通过单一变量或是针对单一目标来确定人口布局。在遵循人口规律、均衡协调其余变量的情况下，应适当引导人口向暖温带、亚热带集聚，尤其向暖温带和亚热带中人均 GDP 高的城市集聚，由此尽量减少人口增长所引发的碳排放（表 1-7）。

碳排放较低的暖温带和亚热带城市 表1-7			
温度带	个数	一般城市	重要城市
亚热带	96	商洛市、河池市、六安市、巴中市、资阳市、保山市、遂宁市、抚州市、内江市、南充市、宜春市、汉中市、自贡市、安康市、临沧市、广安市、张家界市、益阳市、昭通市、永州市、揭阳市、贵港市、孝感市、玉林市、眉山市、茂名市、崇左市、宣城市、达州市、邵阳市、赣州市、吉安市、咸宁市、莆田市、钦州市、梅州市、随州市、黄山市、宜宾市、黄冈市、汕头市、泸州市、普洱市、来宾市、桂林市、十堰市、贺州市、荆州市、雅安市、宁德市、重庆市、遵义市、绵阳市、广元市、安顺市、滁州市、潮州市、云浮市、汕尾市、怀化市、丽水市、丽江市、萍乡市、池州市、上饶市、德阳市、金华市、安庆市、乐山市、贵阳市	常德市、襄阳市、鹰潭市、昆明市、南宁市、景德镇市、梧州市、成都市、长沙市、泰州市、扬州市、舟山市、南昌市、曲靖市、郴州市、合肥市、宜昌市、鄂州市、福州市、台州市、荆门市、岳阳市、肇庆市、芜湖市、株洲市、九江市
暖温带	56	定西市、陇南市、亳州市、渭南市、阜阳市、固原市、平凉市、宿州市、漯河市、周口市、忻州市、信阳市、泰安市、枣庄市、吕梁市、淮南市、宝鸡市、淮安市、庆阳市、淮北市、运城市、蚌埠市、丹东市、延安市、临汾市、宿迁市、菏泽市、朝阳市、聊城市、连云港市、铜川市、大同市、晋城市、商丘市、长治市、晋中市、驻马店市、南阳市、石家庄市、三门峡市、鹤壁市、德州市、滨州市、邢台市、临沂市、平顶山市、葫芦岛市	咸阳市、盐城市、西安市、沈阳市、威海市、济南市、锦州市、青岛市、徐州市

2. 适当引导中温带人口向经济发展水平较高区域集聚

通过面板数据的回归分析，我们发现人均 GDP 在所有样本下对碳排放量的影响以"倒 U"形的形式存在。即，城市的碳排放量，先随着人均 GDP 的增长而增加，当人均 GDP 增长到一定程度后，碳排放量会随着人均 GDP 的增长而下降。即使，实证中的城市人均 GDP 的拐点值极高而难以达到，人均 GDP 对碳排放量的影响仍以"倒 U"形中拐点左侧的形式存在。这意味着，随着人均 GDP 的提高，碳排放总量虽然增长，但是增长速率降低。进一步意味着，城市单位 GDP 碳排放量随着经济的发展逐渐降低。人口是经济发展的重要因素，人口的集聚是城市发挥规模集聚效应的核心因素。因此，在经济发展是解决其他问题的关键，继而必须依靠经济发展的前提下，适当引导人口向经济发展水平较高的区域集聚，从长远来看，有利于碳排放问题的改善。因此，除上述碳排放较低的暖温带和亚热带地区，中温带同样也具有人均 GDP 高且碳排放量低的地区（表 1-8）。

经济发展水平高且碳排放量低的中温带城市 表1-8		
温度带	城市	个数
中温带	四平市、长春市、呼和浩特市、呼伦贝尔市、松原市、辽源市、通化市、哈尔滨市	8

3. 通过细分建筑气候区划对人口分布进行优化调整

我国城市所处的温度带有 13 类，鉴于数据获取原因，如果按照所有类别进行回归分析，各类内部数据量不足，无法保证结果准确性。因此，本书初步归纳为亚热带、暖温带、中温带三类进行研究，得出上述研究结果。在此初步框架下，建议在实践中进一步根据建筑气候区划指导工作。建筑气候区划出自于我国《民用建筑设计通则》GB 50352—2005（以下简称《通则》），新修订《民用建筑设计统一规范》目前尚未出台。根据《通则》，我国建筑气候区分为Ⅰ严寒地区、Ⅱ寒冷地区、Ⅲ夏热冬冷地区、Ⅳ夏热冬暖地区、Ⅴ温和地区、Ⅵ严寒地区和寒冷地区、Ⅶ严寒地区和寒冷地区等 7 个一级区。从计算角度，部分气候区划将城市行政单元进行分割，无法进行计量分析。例如，北京大部分地区属于Ⅱ寒冷地区，但北京北部的部分地区属于Ⅰ严寒地区；经济社会数据不可能划分，所以无法做出回归分析。但是，从实践角度，各个气候区划对建筑做出了基本要求，相应有一定成本区别。因此，在实践工作中，建议进一步细分建筑气候区来对人口分布进行优化调整。

三、我国城市群空间布局的低碳优化

（一）低碳城市群空间布局的典型特征

低碳城市群是在特定的地域范围内，以低碳发展为理念，通过制度创新，开展区域层面多层次的低碳合作，推动区域低碳技术发展和产业低碳化，实现经济发展与能源消耗、碳排放脱钩的城市集合体。建设低碳城市群应遵循世界自然基金会提出的"CIRCLE"原则，即紧凑型城市遏制城市膨胀（Compact）、个人行动倡导负责任的消费（Individual）、减少资源消耗潜在的影响（Reduce）、减少能源消耗的碳足迹（Carbon）、保持土地的生态和碳汇功能（Land）、提高能效和发展循环经济（Efficiency）[①]。低碳城市群空间布局的典型特征如下。

1. 空间形态紧凑、疏密有致

城市群内城镇之间的布局形态是影响城市群碳排放的重要因素，空间形态紧凑可以引导产业、人口和基础设施的集中布局，通过提高设施共享效率和降低环境治理成本，降低单位产出碳排放和人均碳排放。但这并不意味着集中度越高，城市群单位碳排放越低，比如核心城市的无限制扩张，虽然绝对集中度不断攀升，但交通拥堵、职住分离造成的通勤大幅增加推动碳排放大大增加，而环境容量总量有限，过度集中容易造成区域性环境危机，因此，城市群碳排放与空间集中度应该属于"U"形的对应关系。城市群体空间形态从"绝对集中"

---

① 王可达，张军. 构建广佛肇低碳城市群的对策研究 [J]. 探求，2013，2: 36-42。

向"相对分散"的紧凑发展模式转变后,城市内部的人口密度、交通系统和绿地体系才能释放出对生活碳排放的调节作用[1]。因此,低碳城市群空间布局呈现出相对紧凑、疏密有致的基本特征。

2. 交通衔接紧密、联系便捷

交通碳排放约占城市群或城市碳排放总量的1/3,降低交通碳排放是实现城市群低碳化布局的重要思路。城市群低碳化交通体系的显著特征是低能耗、低排放和高效率[2],具体表现为水陆空多式联运体系建设、城际交通和城市内部交通之间的无缝对接。低碳城市群往往具备公、铁、水、空多式联运体系,重视交通联运枢纽节点建设,确保换乘换运的便捷性和高效率运转,降低转换交通方式的时间消耗和碳排放。此外,低碳城市群交通体系的城际交通大多以轨道交通为主,城市内部构建了功能强大、联系便捷的公共交通体系建设,公共交通占比较高成为低碳城市群的共性特征。

3. 产业分工有序、族群发展

我国仍然处于工业化中期阶段,工业生产的碳排放占比高达30%左右,因此,降低工业生产碳排放、推动产业升级是构建低碳城市群的重要议题。城市群产业布局低碳化表现为核心城市与外围城市之间形成紧密协作的垂直化链群分工体系,外围城市组团内部形成相对扁平化的产业集群,构建以清洁生产为特征的城市群循环产业体系。从东京、伦敦等世界级城市群低碳化发展的世界趋势看,城市群产业升级是推进城市群低碳化发展的重要方向,在我国工业化阶段由中期向后期过渡的过程中,在调整优化产业布局的基础上,加快调整高碳产业结构体系,着力构建低碳经济体系,努力降低单位产出的碳排放,是低碳城市群建设的必由之路。

4. 生态空间占比高、格局廊带成网

农业和绿地等生态空间具有的高碳汇能力,能够抵消生产和生活活动产生的碳排放影响。低碳城市群具有的一个普遍性特征,即生态空间占比高,通过绿色生态体系的构建,形成了强大完善的绿色碳汇系统。通过对大巴黎、伦敦等低碳排放城市群土地利用结构的对比分析发现,绿色生态空间普遍占比高,并且高度重视生态涵养区、生态廊道、区域水系等生态空间要素整合,将生态空间构建与城市群游憩空间和慢行交通系统建设有机结合,打造廊带成网的城市群绿色生态空间格局,既能增加城市群碳汇能力,又能引导人们日常低碳出行,降低通勤碳排放需求。

---

① 郑金铃.城市、城市群与居民碳排放——基于紧凑空间形态的研究[J].经济与管理,2016,1:89-95.
② 郑伯红,周刃荒,王志远.基于空间紧凑度的城市碳排放强度研究——以长沙为例[A].中国城市规划学会、南京市政府.转型与重构——2011中国城市规划年会论文集[C].南京:东南大学出版社.2011.

（二）低碳城市群空间布局的测度

影响城市群碳排放水平的因素很多，比如城市群的能源结构、工业发展阶段、交通出行方式、空间组合形态等，本书着重从空间布局角度探索城市群低碳化的影响因素，探索何种空间布局形态能够促进城市群实现低碳排放的目标。从城市群低碳排放的布局内在机理来看，集聚集中的城市群空间形态有利于在一定的空间范围内组织生产生活活动，以最大限度地减少大范围通勤或货物运输带来的高碳排放，然而过度集聚会造成拥堵进而提高交通碳排放的结果。因此，城市群紧凑度与碳排放水平紧密相关，并且呈"U"形关系。

本书以城市群紧凑度为指标来测度城市群空间布局的低碳化程度。城市群紧凑度是指在城市群形成与发育过程中，所体现出的城市（城镇）、产业资源、资金、交通、技术、人才等物质实体按照一定的经济技术联系在空间上的集中程度。这种紧凑的合理性直接影响着城市群的空间运行效率，适度的紧凑度是城市群综合效益最大化的集中体现，城市群紧凑度过高、过低都不利于城市群的健康发展。

城市群紧凑度包括城市群产业紧凑度、城市群空间紧凑度和城市群交通紧凑度。城市群产业紧凑度、空间紧凑度和交通紧凑度之间紧密联系，相互影响。交通通达性的提高有助于产业在空间上的集聚，交通紧凑度的提升在某种程度上可提高城市群的产业紧凑度和空间紧凑度，而产业紧凑度加大后可促使产业集聚区建设，进而提高城市群的空间紧凑度，空间紧凑度加大后可不断减少交通成本，进而提升交通紧凑度。可见城市群紧凑度是城市群产业紧凑度、空间紧凑度和交通紧凑度共同作用的综合体现。因此，城市群紧凑度（U_c）是产业紧凑度（I_c）、空间紧凑度（I_s）、交通紧凑度（I_t）的加权结果，α、β、γ分别代表产业、空间、交通等紧凑度的影响系数，具体计算公式如公式（1-1）。

$$U_c = \alpha I_c + \beta I_s + \gamma I_t \tag{1-1}$$

1. 城市群产业紧凑度

城市群产业紧凑度是指城市群内部各城市之间按照产业技术经济联系，在产业合理分工和产业链延伸过程中所体现出的产业集群和产业集聚程度。根据城市群产业紧凑度的概念，一般可以构建产业集中度指数 I_{cc}、产业结构集中度指数 I_{cj} 和产业结构空间效率指数 I_{cs} 作为测度城市群产业紧凑度的主要指标。其中产业集中度指数、产业结构集中度指数为非空间指向性指数，产业结构空间效率指数为空间指向性指数。由于数据与计算的问题，本书将指标简化为产业集中度指数 I_{cc} 与产业结构集中度指数 I_{cj} 两项，故城市群产业紧凑度 I_c 的具体测算模型为：

$$I_c = \alpha_c I_{cc} + \beta_c I_{cj} \tag{1-2}$$

$$I_{cc}=\frac{\sum_{i=1}^{n}x_i}{n}\sqrt{\sum_{i=1}^{n}\frac{(x_i-\bar{x})^2}{n-1}},\ x_i=\frac{M_i^2}{GDP_i} \qquad (1\text{-}3)$$

$$I_{cj}=\frac{\sum_{i=1}^{n}x_i}{n}\sqrt{\sum_{i=1}^{n}\frac{(x_i-\bar{x})^2}{n-1}},\ x_i=\frac{\delta F_i+\phi S_i+\omega T_i}{GDP_i} \qquad (1\text{-}4)$$

公式（1-2）中，I_c 为城市群产业紧凑度指数；I_{cc} 为产业集中度指数；I_{cj} 为产业结构集中度指数；α_c、β_c 为权重，通过熵指数支持下的 AHP 模型计算可知，$\alpha_c=0.45$、$\beta_c=0.55$。

公式（1-3）中，x 为选取的某个城市群内第 i 个城市的指标值；$\bar{x}$ 为各指标值的平均值（下同）；n 为城市群内的城市个数；M_i 为城市区内第 i 城市的工业总产值；GDP_i 为第 i 城市的 GDP 总量。根据我国城市发展阶段，城市第二产业具有重要意义，表现为具有较高的工业化水平，而度量工业化水平不仅要求具有较高的工业产值比重，也表现为较大的产出规模，分别体现地方的工业组织能力和强度，该指数涵盖规模和结构。相对而言，离散程度又反过来表达了"非空间紧凑"的程度，标准差为 0，表明城市群是一个完全的均质空间。根据城市群形成与发育过程理论，没有表现出一定的等级关系，是一种最原始的状态。因此，产业集中指数越大，城市群产业紧凑度越大，发育程度也就越高。

公式（1-4）中，δ、ϕ、ω 分别为三次产业加权值，通过熵技术支持下的专家群民主决策法计算得知 $\delta=1.50$、$\phi=3.87$、$\omega=4.63$，F_i、S_i、T_i 分别为各地级市三次产业产值。产业结构集中度指数表达城市群发育阶段和空间离散程度两个概念，考虑到第三产业往往能够代表区域创新能力、集散能力和生产要素的组织能力，因此它比产业集中度指数更能表达城市群发育质量。产业结构集中度指数越大，则城市群产业紧凑度越大，发育程度相应就越高，在不同资源禀赋和基础条件下的城市群，产业结构集中度指数存在一定程度的差异。

2. 城市群空间紧凑度

城市群空间紧凑度是指城市群内部各种生产要素在空间上的集聚程度，是衡量土地集约利用和空间产出效益的核心指标，既是狭义紧凑度概念的基本内涵，又能体现城市群节点配置和人口密度等基本特征，是从区域空间角度出发，衡量城市群内城镇、人口分布集中程度的指数。根据城市群空间紧凑度的概念，一般可选取空间相互作用指数 I_{si}、人口密度指数 I_{sp} 和城镇密度指数 I_{su} 这三个具有空间指向性的指标作为计算城市群空间紧凑度的指标，为了将城市群空间紧凑度与交通紧凑度、产业紧凑度进行区分，仅选取人口密度指数 I_{sp} 作为空间紧凑度的衡量标准。则城市群空间紧凑度指数 I_s 的计算公式为

$$I_s=I_{sp}\frac{\sum_{i=1}^{n}x_i}{n}\sqrt{\sum_{i=1}^{n}\frac{(x_i-\bar{x})^2}{n-1}},\ x_i=\eta_j\frac{P_i}{A_i} \qquad (1\text{-}5)$$

公式（1-5）中，x_i 表示选取的某个城市群第 i 城市的相应指标值，$\bar{x}$ 表示相应指标的平均值，n 为城市群内城市个数。η_j 为不同城市等级的权重（通过熵技术支持下的专家群民主决策法计算获得），j 为 1～5，即超大城市、特大城市、大城市、中等城市和小城市 5 个等级的城镇体系，相应的权重分别为 0.36、0.28、0.20、0.12 和 0.04，P_i 为第 i 地级市的总人口，A_i 为第 i 地级市的面积。人口密度直接反映了城市群的紧凑程度，人口密度越大，则紧凑性越高。

3. 城市群交通紧凑度

城市群交通紧凑度是衡量紧凑度的广义指标之一，是从通达性角度衡量城市群内节点城市交通联系便利程度的指数，通过节点城市数量、交通距离以及区域范围大小来体现城市群内节点间的交通联系，进而反映城市群的紧凑程度。一方面从连接线的数量关系出发，表达节点之间的交通联系强度；另一方面从交通距离出发，通过不同规模等级的城镇间平均距离体现交通紧凑程度；还可以从交通网络体系的空间载体，即分布范围出发，表达不同范围内不同城镇数量与交通网络的分布与特征情况。根据城市群交通紧凑度的概念，选取加权通达指数 I_{tt}、非加权通达指数 I_{tf} 和交通空间紧凑性指数 I_{ts} 三个具有空间指向性的指标测算城市群交通紧凑度指数。则城市群交通紧凑度指数 I_t 的计算公式为：

$$I_t = \alpha_t I_{tt} + \beta_t I_{tf} + \gamma_t I_{ts} \tag{1-6}$$

$$I_{tt} = \sum_{j=1}^{n} \left(T_{ij} \times \sqrt{GDP_j \times P_j} \right) \Big/ \sum_{j=1}^{n} \left(\sqrt{GDP_j \times P_j} \right) \tag{1-7}$$

$$I_{tf} = \frac{\sum_{i=1}^{n} x_i}{n} \sqrt{\sum_{i=1}^{n} \frac{(x_i - \bar{x})^2}{n-1}}, \quad x_i = T_{ij} \tag{1-8}$$

$$I_{ts} = \frac{n \sum_{i=1}^{n} L_{Ni}}{\sum_{i=1}^{n} A_i \sqrt{\sum_{i=1}^{n} \frac{(x_i - \bar{x})^2}{n-1}}} \tag{1-9}$$

公式（1-6）中，I_{tt}、I_{tf}、I_{ts} 分别为加权通达指数、非加权通达指数和交通空间紧凑性指数，α_t、β_t、γ_t 为权重，通过熵指数支持下的 AHP 模型计算可知，$\alpha_t=0.28$、$\beta_t=0.16$、$\gamma_t=0.56$。

公式（1-7）中，I_{tt} 为城市群内节点 i 的加权通达性指数。T_{ij} 为节点 i 到达经济中心 j（或活动目的地）所花费的最短时间；$GDP_j \times P_j$ 为评价系统范围内某区域中心和活动目的地 j 的某种社会经济要素流的流量，即表示该经济中心的经济实力或对周边地区的辐射力或吸引力；n 为评价系统内除 i 节点以外的节点总数。GDP_j 为 j 城市的 GDP 总量，P_j 为 j 城市的人口。通达性是指利用一种特定的交通系统从某一给定区域到达活动地点的便利程度,该指数反映了某一城市和区域与其他城市和区域之间发生空间相互作用的难易程度。通达性具有空间指向概念,即城市之间克服距离摩擦进行作用的难易程度;还具有时间概念,通常可以通过时间单位来反映空间距离。一般认为,区域和城市的人口规模、经济总量越大,其对周边的区域和城市的影响力、吸引力和辐射能力也就越大,其他区域和城市对其的通达性要求就更高,考虑城市群内城市的人口和经济总量差异对通达性的影响,将人口和 GDP 变量引入模型,以 $GDP_j \times P_j$ 作为权重。该指数越小,表示该节点的通行性越高,与区域中心和其他城市间的联系越紧密,在空间上表明紧凑型更强。

公式(1-8)中,x_i 表示选取的某个城市群内城市第 i 城市相应指标值,$\bar{x}$ 表示相应指标的平均值,n 为城市群内城市个数。T_{ij} 为节点 i 到达经济中心 j(或活动目的地)所花费的最短时间。非加权通达指数是单纯从交通通达性和方便程度来衡量紧凑程度的指数,采用通达时间的标准差来反映区域内部各城市之间的交通通达的离散程度;标准差越大,紧凑型越高。非加权通达指数越小,表示节点的通达性越高,与节点城市间的联系越紧密,空间紧凑程度也就越高。

公式(1-9)中,L_{Ni} 为节点 i 的对外直接联系线方向数量,n 为城市群内节点数,A_i 为 i 城市的区域面积,x_i 为节点之间直线距离,$\bar{x}$ 为节点间联系的直线平均距离。根据相关研究,中心性指数总和较大的城市群空间结构稳定性越大,而城市群空间结构的稳定性体现在节点城市个数和城市群发育程度上,即稳定性大的城市群,其发育阶段也越高;而某个节点城市的中心性指数除城市人口、经济外,也取决于节点城市间的直线距离,因此可用 $\sum_{i=1}^{n} L_{Ni}$ 来近似计算城市群的中心性指数,节点城市对外直接联系数量根据相邻、直接联系原则确定;因此,城市群紧凑度与城市群内节点数量、$\sum_{i=1}^{n} L_{Ni}$ 成正相关,与区域的总面积、节点间直线距离的标准差成负相关;该指数越大,城市群越紧凑。

(三)低碳视角下城市群空间布局问题识别

1. 城市群空间结构:"三生"结构不协调、极化发展的"核心—外围"关系

一是生态、生产、生活空间的统筹合理布局难以在城市群层面顺利实现,造成对生态空间的严重侵蚀、生产低效重复建设、生产与生活空间的隔离等问题。二是极化发展的"核心—外围"关系,核心城市的无序蔓延,外围城市空间扩展动力不足,人口处于绝对集中的发展阶段,核心城市的辐射带动作用还有待挖掘。城市群在由绝对集中向相对分散的紧凑发展过渡后,城市内部的人口密度、交通系统和绿地体系才释放出对碳排放的调节作用。因此,探索适合推动城市群由绝对集中向相对分散的空间布局体系对于降低城市群碳排放具有重要推动作用。

2. 城市群交通组织：网络化程度低、衔接不畅

一是我国城市群交通网络化程度低，尤其是大容量、快速、环保型的城际轨道交通建设严重滞后，与发达国家的城市群差距较大。二是城市交通与城际交通缺乏衔接，不同的管理部门编制的规划不配套、不衔接、不易操作的问题非常突出，直接造成不必要的交通效率降低和资源浪费，综合交通效率低下。三是资源环境与城市群交通发展的矛盾比较突出，现有交通发展模式是一种低效率、粗放式发展，难以满足可持续发展的要求。一方面，城市道路和公路对能源消耗大，土地低效利用，对周边环境污染严重，另一方面，日益紧张的城市建设用地，使得作为城市连接纽带的轨道交通出现了用地匮乏的局面。

3. 城市群产业空间组织：分工协作水平低、关联性弱

一是合理分工和错位发展水平不高。目前国内大部分城市群产业虽然具有一定的互补性，但配套程度不高，结合不紧密，存在产业结构雷同或同质化现象，不利于作为整体的城市群实现产业的良性发展。二是产业产业间关联性不强。大部分城市群内各城市间的产业协作取得的成绩仍是表面上的，低水平的。仍未达到从专业化分工形成产业集聚，未达到从产业链层面上的分工与合作。以长株潭城市群为例，长株潭城市群新兴战略产业的规模、更新速度及延伸链都还存在一定的问题，产业前后的关联度较弱。比如中联重科、三一重工和山河智能三大工程机械龙头企业在长沙集聚，负责整机生产，而据《2012 年工程机械行业风险分析报告》显示，其零部件有 85% 以上采购自省外，核心配套件液压件也来自长株潭以外区域，并未形成产业链条的延伸，其与湘潭上游提供原材料的产业如钢铁业存在合作的空间，与株洲下游的轨道交通制造业也存在合作的空间。

4. 城市群生态空间：严重不足、网络性差

一是绿色空间严重不足均分布不均。生态基质能有效地调节城市的生态环境，增强城市的环境容量，吸收城市排放的二氧化碳。发达国家城市的生态绿地与建成区面积之比通常为 2：1 左右。国际卫生组织建议的最佳居住条件以人均 60m² 绿地指标作为参照，目前，我国大部分城市群及城市群内的城市离上述要求还有一定差距，主要表现为绿色空间严重不足且分布不均，不能满足生态需求。二是廊道要素的生态网络不通畅。佩斯在对克拉玛其国家森林的研究中提出，绿色廊道最小宽度为 60m，才能有效地起到降低温度、控制水土流失、有效过滤污染物的作用，以长株潭城市群为例，目前城市群内绿色廊道的宽度未达到相应标准，不能产生积极的生态效应。此外，蓝色廊道脱离自然本色也是造成城市群廊道要素生态链不畅的重要原因，以长株潭城市群为例，湘江、浏阳河、捞刀河、靳江河、沩水、渌江、涓水、涟水等由于工业的迅速发展、环境基础设施的不协调等原因，水体富营养化和石油类污染比较严重，各流域的水面多项指标劣于Ⅲ类水质标准，靳江河、沩

水达到 IV 类地面水水质标准。其次，城市建设中人工建设物阻断水域联系，对区域小水系采取填埋和转变成城市暗渠的消灭处理手段等，也在很大程度上破坏了连续的网络化的水生态格局。

（四）城市群空间布局低碳优化的规划策略

以降低城市群单位产出的碳排放为目标，从空间结构、交通联系、产业协作、生态治理四个维度出发，提高城市群紧凑度，打造形态上分离、功能上一体、联系上便捷、疏密有致、开放组团式的城市群低碳化空间结构。

1.形成"多中心组团式、非均衡紧凑化"的城市群空间结构

1）模式特征

根据城市群低碳化空间演进规律，推动构建"结构有序、功能互补、整体优化、共建共享"的非均匀多中心的城镇空间结构体系，打造以城乡互动、区域一体为特征的城市群低碳化空间演进形态，引导城市群由绝对集中向相对分散的紧凑形态发展。在水平尺度上建设不同规模、不同类型、不同结构之间相互联系的城市平面集群，在垂直尺度上建设不同等级、不同分工、不同功能之间相互补充的城市立体网络，二者之间的交互作用使得规模效应、集聚效应、辐射效应和联动效应达到最大化，从而分享尽可能高的"发展红利"，降低单位产出的碳排放，完成实现城市群空间低碳化的紧凑发展目标（图1-7）。

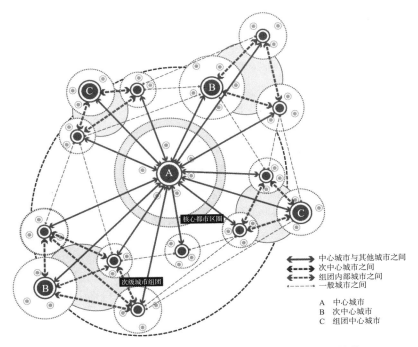

图1-7 "多中心组团式、非均衡紧凑化"的城市群空间结构图

2）规划策略

一是构建层次性的城市等级体系。城市群中的核心城市、次中心城市、组团中心城市和其他外围城市等等级规模不同的城市共同构成层次化的城市群城市体系，通过建立等级明确的城市体系结构，促进城市群交通、功能、人口等的低碳优化配置。对核心城市，要拥有功能齐全的服务、广阔的消费市场，不仅辐射范围大、集聚能力强，并掌握了丰富的外部资源与信息，能带动整个城市群各个要素的紧凑布局，推动城市群向更低碳的方向发展。对专业化的组团中心城市，一方面整合周边区域的人口、交通、生产要素形成集约配置；另一方面与发达的核心城市一道，实现规模效应、集聚效应、辐射效应和联动效应的最大化，降低单位产出的碳排放。

二是实行"紧凑型城镇、开敞型区域"组织模式。坚持以城市带、城市轴、都市圈等城镇空间组织形式引导"紧凑型城镇、开敞型区域"相结合的发展模式。建设空间向具有优势区位条件的地区集中发展，控制非优势地区的空间分散建设。如江苏省规划提出以中心城市为节点，快速交通体系为依托，构建区域"三圈五轴"的空间结构引导城市群空间形态的紧凑布局。

三是加强市域内片区整合发展。规划应引入片区发展的理念，在城乡统筹理念的引领下，以功能为依托，以行政区为载体，整合市域发展空间，进而提高土地资源、生态资源等的利用效率，实现集约紧凑发展的目标。以《常熟市城市总体规划（2010—2030）》为例，由于传统行政区划与考核机制的影响，市域内各发展主体之间存在较大竞争，引发了资源利用透支、空间布局与土地利用分散、基础设施重复建设、单位碳排放量较高等问题。规划立足于片区整合的发展理念，将市域空间划分为"一城、五片区"，以期起到聚焦开发主体、聚焦重点地区、聚焦功能板块"三个聚焦"的目的，引导市域集约紧凑发展。

2. 构建"强核心、通节点"的交通空间组织网络

1）模式特征

低碳城市群的交通布局首先要满足三方面的要求。一要"能力充分"，尽量消除综合交通运输能力不足的现象，构建长久适应社会经济发展与低碳建设需要的综合交通系统。二要"方式协调"，要明显改善目前区域运输中公路比例过高、铁路和水运比例偏低的现象，大力发展公共交通系统，建立各类公共交通占主体、各类交通运输方式技术经济优势突出的综合运输体系，如对于城市群中城际客运主通道，集约化的铁路运输比例应超过50%。三要"布局合理"，水、陆、空各类交通线路、场站、网络等覆盖要满足城市规模、资源分布、产业布局、民生发展等交通联系的网络性要求，如百万人口以上中心城市一般要求由高速公路、客运专线（城际铁路）直接连通，有航运条件的也应考虑设置骨干航道。为满足上述三方面要求，要求在交通模式的选择上，以轨道交通为主、多种交通方式并存的综合交通模式；城市群范围内，构建快速路＋快速轨

道的城际交通走廊体系；枢纽构建上，能引导城市功能拓展与用地开发有机结合形成综合交通枢纽（图 1-8）。

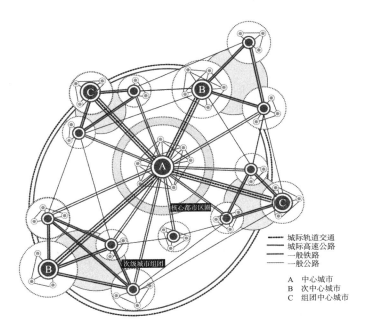

图 1-8 "强核心，通节点"的交通空间组织图

2）规划策略

（1）区域轨道优先，引导城镇空间集聚

优先发展区域轨道交通，尤其注重在城市群内的城市发展轴上结合交通走廊优先布局大运量、公交化运营的城际轨道方式，和规划空间相协调，引导城镇空间集聚发展。以江苏省为例，可以网络化交通走廊构建城市群发展轴，以交通基础设施为保障，促进城市群空间围绕若干发展轴集聚发展，形成高密度的城镇空间，加快城市带内区域轨道交通发展，构建集约高效的交通体系，形成轨道交通引导的紧凑型城镇空间。

（2）设施分区供给，引导区域差别化发展

根据城市群内不同区域的交通特点划分交通分区，与区域客流走廊相结合，针对不同分区制定不同的区域交通发展策略。在区域重要的客流走廊内，大力发展大运量轨道交通，同时对公路建设的密度适当限制。对于其他客流走廊，则根据不同走廊的客流密度，发展不同形式的轨道交通，同时以不同的公路发展策略与之相匹配。通过差别化的引领与调控，降低不必要的交通出行，促进公交优先发展，支持节能减排。以江苏为例，将区域交通划分为交通和城镇网络化地区、交通和城镇走廊地区、交通特色优化发展区、都市圈和增长极等五类分区，针对各类分区的特征制定具体的交通发展策略。例如在城市群的都市圈和增长极地区，交通策略为重点发展都市圈和增长极内以核心城市为中心的放射状交通设施布局。发展都市圈内的市域轨道交通系统，提升核心城市和外围城市的交通可达性。发展环放式的公路网布局，优化与核心城市快速路系统的衔接方式。

（3）以综合交通引导用地布局优化，促进交通减量

以轨道交通引导城镇空间集聚，以公共交通引导功能布局优化，以交通枢纽引导城市用地开发和服务业发展，以货运区位引导工业用地聚集。以昆山为例，通过制定各种政策措施，促进城市人口与产业有序地向轨道交通沿线的城镇集聚。对大运量公共交通沿线的用地布局进行优化调整，逐步置换工业仓储等类型用地，转而安排商业居住等类型用地，增加公共交通沿线用地的开发强度，从而在培育公共交通客流的同时，减少小汽车的使用。同时，规划在高速公路出入口、铁路枢纽等优势区位布局工业仓储等类型用地，降低了货运交通对于城市内部碳排放的影响。

（4）构建结构合理的绿色交通体系，促进公交优先与慢行友好

改善路网布局，增加路网密度，完善基础设施，使其进一步地满足公共交通与慢行系统的发展需求。重视交通枢纽建设，优化道路交通与沿线用地功能的衔接度，适当加强交通枢纽周边用地的混合度，合理提升交通枢纽周边用地的开发强度。

3. 推动形成"大集群、小簇群"的产业分工空间格局

1）模式特征

理想的低碳城市群产业格局应该是一个地域生产综合体，即在一定区域范围内，根据国民经济发展的需要和地区资源的特点，围绕一个或若干个具有区际意义的专业化部门（或企业），发展起与其配套协作（直接或间接的）或有其他技术、经济联系的工业部门以及必要的区域性公用工程，共同组成一个密不可分的生产有机体。其具体特点是：①产业结构梯度分布，第三产业主要分布在各级别的中心城市，第一产业和第二产业则呈现由中心城市以外的边缘城市且产业规模占比梯度上升。②城市体系产业布局呈纵向链化联动模式，呈现核心城市—次中心城市—组团中心城市之间的产业链，形成大集群的产业网络；③同级城市产业呈横向集聚联动模式，城市群内各区域的主导功能相对单一化，一般围绕一个或若干个专业化部门，发展起预期具有经济或技术联系的其他部门，共同组成一个类型突出的生产有机体（图1-9）。

2）规划策略

（1）以资源与环境现状条件引导产业结构调整与产业空间布局

以地方资源和环境制约条件引导产业发展，通过战略引导和空间资源调控，达到节约资源、降低能耗、减少排放、提升效益的目标，为产业转型升级明确

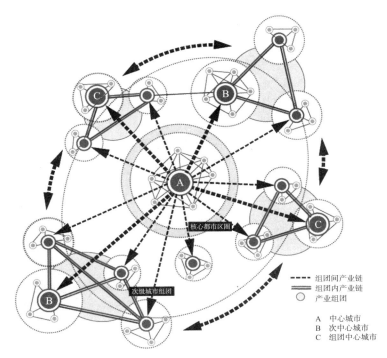

图 1-9 "大集群、小簇群"的产业分工空间格局示意图

发展方向。以江苏为例，对规划沿江城市带的产业发展条件、现状问题、制约因素等方面进行了深入研究，以资源环境为约束进行了量化分析；这些分析与研究发现，按照现状资源的利用效率，无论是水资源、土地资源、能源供给还是环境容量都无法支撑产业发展实现预期目标。因此，要提高三产比例、优化二产结构，通过退二进三、退二优二等举措，逐步淘汰高能耗、高碳排企业；发展低碳产业，有效降低能源消耗，减少耗氧和碳排放，有利于维持碳氧平衡；应用新技术、新设备，降低单位产值能耗。

（2）建立中心城市与周边城市之间的垂直分工模式、与周边城市之间的水平分工模式

区域产业的分工重组，应从两个方面进行：一要建立中心城市与周边城市之间的垂直分工，即纵向链化的联动模式。城市群应采取垂直分工和水平分工相结合的方式。首位城市作为城市群的中心，经济和社会发展层次高于圈内其他城市，可与周边城市之间形成垂直分工的模式，应重点发展与中心城市聚散功能直接相关的金融业、商贸服务业、科技文化产业等高级形态的第三产业。二要建立次中心城市与周边城市之间的水平分工，即横向集聚的联动模式，建立若干优势产业集群，促进产业协作，带动产业融合、行业整合和企业联合，进而优化区域资源配置。

4. 构建"楔环结合、廊带成网"的生态空间格局

1）模式特征

城市群是一个大的区域范畴，强大完善的生态系统是吸收城市群碳排放的重要载体，生态系统的协同治理对于城市群低碳化发展具有重要意义，低碳城市群的一个重要标志即是生态治理的协同化。通过城市群生态廊道、生态涵养区等生态敏感区保护和大气、水等污染联防联治，构建生态协同治理体系，打造低碳城市群"楔环结合、廊带成网"的基础生态骨架（图 1-10）。其特征如下：①分隔组团的楔形生态空间。城市群的生态功能空间以组团间的楔形生态开敞空间为主导，穿插于各个城市组团之间，将外围的生态环境引入组团内部，增加城市建设空间与外围生态空间交界面的长度。使城市组团之间保持侧向开敞，从而使得生态空间发挥较大的低碳效能并具有良好的可达性。同时，外围生态空间与城市建设空间的这种镶嵌格局，限定了城市组团的轴向拓展方式，能够有效防止轴间的填充式发展。②串联节点的网状生态绿廊。串联节点的生态绿廊作为生态绿楔的补充，依托自然水系或城际交通廊道布设，能够起到沟通城市内外、城市之间的生态空间，形成区域绿色网络支撑体系，增强区域整体的生态功能的作用。③城市周边的外围生态绿环。城市外围的生态绿环能起到促进城市建设空间的集聚发展，提高城市运行效率与土地集约化程度的作用。通过控制城市的外溢蔓延，避免城市无序扩张，达到减少交通量、为城市提供生态屏障、减少城市建设对于城市生态空间的侵蚀、保护城市周边自然资源、为生态服务功能提供载体等低碳发展目标。具体策略如下：

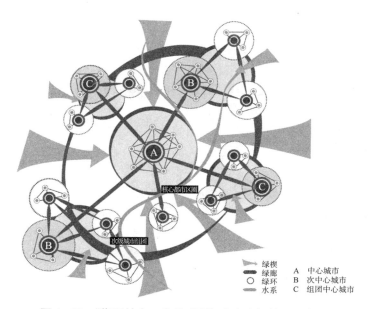

图 1-10 "楔环结合、廊带成网"生态空间格局示意图

2）规划策略

（1）建立区域生态安全格局的禁建控制线

将城市群区域绿地和环城绿带规划纳入城镇体系规划和城市总体规划并作为重要内容，对城市群区域内不可建设用地以及生态框架格局从规划政策层面进行严格的绿线管制。以珠三角为例，通过对不同类型绿地的识别和分析，明确了珠三角城市群绿地构建的基本要求，在此基础上明确了一系列城市群绿地管制、维护、经营、恢复的策略和措施。

（2）合理布局由斑块与廊道构成的城市群生态支撑体系

通过对不同类型城市群区域绿地的识别和分析，坚持生态优先的原则，在低碳发展的要求下，对区域绿地的空间结构进行合理布局与规划。以珠三角为例，构建"一环、一带、三核、网状廊道"的珠江三角洲城市群的生态格局框架，其基本构想是在城市的外围地带，通过保护和发展自然风景区、生态保护区和郊野公园等区域绿地，在都市区之间和城市密集地区之间形成长期有效的生态隔离带，避免城镇连绵发展。并将其作为城市公共绿地的延伸，与其他生态斑块与廊道一同构成区域的生态框架。

（3）以低碳效益和热岛效应分析引导生态空间合理布局

在低碳发展的背景下，生态空间的布局规划应建立在对各类用地进行生态功能评价、合理划分生态功能分区的基础上，构建完整的生态结构体系。同时也要运用先进的技术条件，充分考虑生态功能、绿地可达性、固氮释氧等方面的要求，进行低碳效应与热岛效应分析，确定绿化总量、均衡绿化布局、优化绿化结构。

四、我国城市空间布局的低碳优化

（一）低碳城市空间布局的典型特征

为适应工业革命经济社会发展的需要，在低碳城市发展理念的指导下，英国规划协会对城市空间结构进行了系统分析研究，提出不同的城市空间结构类型必须有相应的侧重，结合城市的经济社会性和自然条件，提出了以同心圆、扇形和多核心三大经典空间模式为代表的众多模式（表1-9）。这3种空间模式既可以单独存在，也可以以一种模式为主、其他一种或两种模式为辅的形式呈现在某一城市中。

我国正处于经济快速增长、城市化加速、碳排放日益增加的时期。我国城市发展也随着改革开放开启后，经历了郊区化、大都市区、多中心大都市区、大都市区连绵带等一系列变革，城市空间结构模式也形成了传统稳定增长的"外溢式"模式、高速发展下的"跨越式"模式、单中心块聚式模式、走廊城市模式和多中心网络式模式。这些城市空间结构模式的提出，对我国在城市化中期

城市空间结构模式及特点、成因 表 1-9

结构模式	模式示意图	特点与低碳程度	成因
同心圆模式		城市发展早期，形态集中紧凑，城市功能区围绕市中心呈同心圆状，中枢部分为中心商务区，向外依次为过渡带、工人住宅带、中产阶层带、通勤带，5个同心圆自单一核心向外扩展，较低碳	平原地形，城市各功能区经过不断侵入和迁移，呈同心圆状自核心向外扩展
扇形模式		城市发展中期，中枢部分为中心商务区，各功能区沿交通线呈扇状或楔形向外扩展。一般住宅区在靠近市中心的部分，高级住宅区在交通沿线向低级住宅区反向扩展	交通（各功能区向交通沿线延伸）
多核心模式		城市发展后期，城市并非依托单一核心发展，而是围绕着几个核心形成中心商务区、批发商业区、住宅区、工业区和郊区以及相对独立的卫星城等多功能区，较高碳	随着城市不断扩展，原市中心地价高、交通和居住拥挤，在远离市中心的郊区出现新核心

阶段解决城市规模不经济等众多问题发挥了重要作用。结合曹妃甸、天津中新生态新城、上海崇明岛东滩生态城等规划实践，借鉴已有的低碳城市空间研究成果，本研究归纳出一些低碳城市的空间形态的典型特征。

1. 紧凑多中心的空间布局特征

紧凑多中心空间布局特征是有效限制城市蔓延的结构模式，具有高密度、高容积率，通过密度控制可以减少出行、实现城市的紧凑发展，从而达到"低碳发展"的目的。紧凑发展的城市空间可以促使城市土地使用的集约化；人口的高密度能保障城市区域多样复合功能的塑造，并大大减少城市交通能耗，降低交通部门的能源消耗和二氧化碳的排放；同时，紧凑的城市形态也影响市区供暖和冷却系统，有利于采用热电联产，有利于节约资源和减少碳排放量。这种空间结构模式，对所有的城市一般都可以采用，尤其是大城市或特大城市（图 1-11）。

2. 公交主导的空间布局特征

在低碳城市空间形态研究和实践中，交通应该是一个切入点，也是整合其他社会、经济和环境因素的一个出发点。城市的空间结构形态在很大程度上是由城市的交通体系决定的，城市交通体系合理、完善与否直接决定其内部能源消耗和碳排放量的多少。在低碳城市发展的理念下，构建以绿色交通体系为主导的城市空间结构显得很重要。但在我国，由于汽车的普及和通向郊区的道路基础设施的建设，城市边界不断蔓延，市民通勤距离随之增加，直接导致了私

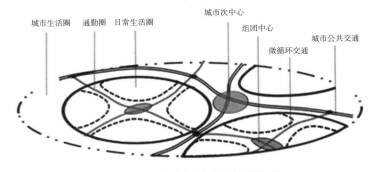

图 1-11　城市活动空间体系构成

图片来源:仇保兴.我国城市发展模式转型趋势——低碳生态城市 [J]. 城市发展研究,2009,16（8）.

家车交通能耗和碳排放量逐年增加。据报道，全球交通运输业的碳排放量占总量的 33%。因此，构建绿色公共交通城市空间结构模式是实现城市发展与交通碳排量脱钩方案的主要途径，特别是在大城市或特大城市中，此模式得到了充分的体现（图 1-12、图 1-13）。

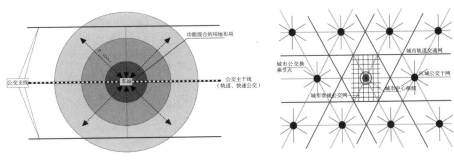

图 1-12　城市型 TOD 社区　　　　图 1-13　公交型城市示意图

图片来源:中国城市科学研究会.中国低碳生态城市发展战略 [M].北京:中国城市出版社，2010.

3. 生态主导的空间布局特征

生态主导空间布局特征的城市是基于生态城市的理念与内涵，在城市建设与发展中，要求城市空间结构具有生态属性、体现生态思想、建造生态交通，使之具有"生态文化"的内涵，以加强城市土地的混合使用度，减少市民出行需要，降低交通能耗，符合低碳城市发展理念的要求，实现城市低碳目标。对于具有带头开放空间（河流、基础设施走廊、古遗迹带）的城市或组团型城市，在进行城市空间规划布局时，采用生态主导空间结构模式更为合理。生态主导空间结构模式的建成，强化了自然空间和人工空间的融合，将市区外围一定范围内的永久性绿地或农田等自然空间纳入城市空间结构体系中，结合市区的"绿环""绿楔""绿带""绿心"等人工空间布局（图 1-14），加强对二氧化碳的捕捉和对碳汇的吸收。同时，结合城市交通体系规划，通过绿色交通廊道和绿化通道规划布局，将新的开发区域集中于公共交通枢纽，大型公共设施的建设与公共交通枢纽相结合，通过绿色交通廊道和绿化通道，对城市不同的宗地进行贯通和关联，提高城市各结构单元的沟通效率，提高城市整体的关联互动性，实现有控制的紧凑型疏解和"低碳城市"的目标。这种发展模式可以较好地适应人口增长的不确定性，并能适应公共交通的发展和实现城乡发展的协调。

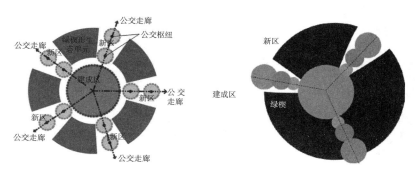

图 1-14　绿楔型城市发展模式图

图片来源：丁成日.城市规划与城市结构：城市可持续发展战略 [M].北京：中国建筑工业出版社，2005.

低碳城市空间的紧凑多中心、公共交通主导或生态主导等结构模式分别对不同类型城市的发展、减少碳排放量和与碳脱钩等起到了推动作用。但是这几种模式并非孤立的，而是相通的，如公共交通导向（TOD）空间发展模式，往往通过公共交通的发展来构建紧凑性空间结构城市，而多中心正是紧凑空间结构城市的特征之一；紧凑的城市空间结构往往会带来一定的交通和环境问题，但在发展紧凑空间结构形式的城市时，也采取了公交优先、开敞绿色空间和加强生态环境保护等措施。因此，构建可持续发展的低碳城市空间结构，需要综合运用多个空间结构模式，通过它们的共同作用,使城市发展向低碳生态目标推进。

（二）低碳城市空间布局的测度

国内外学术界关于低碳城市的指标大部分以构建低碳经济社会为出发点，涉及城市内部建筑、人口和产业布局、交通设施以及自然环境等方面的内容，比较有代表性的是《2009 年中国可持续发展战略报告》中从经济、社会和环境三方面提出了低碳城市的指标体系；中国城市科学研究会也提出了低碳城市规划的指标评价体系框架，包括了居住环境、土地利用和交通出行 3 个准则层共 10 个细化指标；2010 年由中国社会科学院发布的包括低碳产出、低碳消费、低碳资源和低碳政策 4 个方面在内共 12 项的指标体系。总体来看，关于低碳城市的这一指标体系已很完善，而在空间规划层面对城市空间低碳化的衡量指标方面似乎与之重叠性较高。为了明确城市空间布局如何实现"低碳化"，本文从空间形态紧凑性、交通结构多元性、社会功能复合性、生态空间网络性4个方面梳理和构建低碳城市空间布局的衡量指标（表1-10）。

低碳城市空间布局的衡量指标　　　　　　表1-10

类型	指标	参考值
空间形态紧凑性	城市形态紧凑度	建成区周长与最小外接圆周长之比
	城市人口密度	≥1万人/km^2
	土地开发强度	—
	单位面积土地空间利用效率	—
	人均建设用地	≤80m^2/人
	通勤时间	时间差小于1.5h
	地下空间开发利用率	≥5%
交通结构多元性	通勤时间小于1h比例	大于85%
	路网密度	—
	公交分担率	≥60%
	万人拥有公共汽车数	20辆
	公交线网密度	3km/km^2
	轨道交通里程数	280km
	不行和自行车出行分担率	≥40%
	慢行交通路网密度	3.7km/km^2
	绿色交通出行比例	≥80%
	到达BRT站点的平均步行距离	500m
	公共汽车站点300m覆盖率	100%
	轨道交通与快速公交站点800m覆盖率	100%
社会功能复合性	建筑用地容积率	—
	建筑密度	—
	混合用地比例	—
	就业住房平衡指数	≥50%
	1km内有公共场所和设施的居住区比例	100%
	步行500m范围内有免费文体设施的社区比例	100%
	300m内有基本便民设施的居住区比例	100%
生态空间网络性	建成区绿化覆盖率	≥45%
	绿容率	>1.5
	人均公共绿地	≥15m^2/人
	城市人均公园绿地面积	≥12m^2
	城市公园绿地服务半径覆盖率	80%

资料来源：《2009年中国可持续发展战略报告：探索中国特色的低碳道路》《中国低碳生态城市发展战略》《深圳国际低碳城空间规划指标体系构建研究》。

（三）低碳视角下我国城市空间布局问题识别

1. 功能空间布局失衡

一是城市空间的分散扩张对城市周边地域的不断侵占。各种开发区、高新科技产业园区、民营企业产业园区早已在中国各类城市兴起，且表现出碎片化、运动式、盲目跃进的特点，产生了众多的"黑灯社区""空城""鬼城""高铁新城"等郊区化的次生现象。然而，此类型地区由于基础设施落后和发展速度较慢等原因而缺乏吸引力，没有起到疏散城区人口的作用，反而促使城市的盲目扩张蔓延。以北京为例，城市内城呈现出典型的圈层状增长状态，外围近郊和远郊以低密度别墅区扩散发展为主，城市形态呈现出以"内六环＋外八区"的内紧外松的发展态势。城市由于"摊大饼"外延式扩张从而形成平面过密、立面过疏的空间形态特征和相对分散、单一的空间功能布局。郊区依托周边高速公路与主城进行联系，较长的出行距离不仅增加了交通时耗和能耗，内环超饱和的交通流叠加外环的"城市村落"也使整体城市空间表现出"单一中心、空间失衡、利用低效、低密度蔓延、机动车导向"的高碳特质（图1-15）。此外，由于城市的扩张和无秩序发展，城市建设占用大量农田，造成土地资源严重浪费。

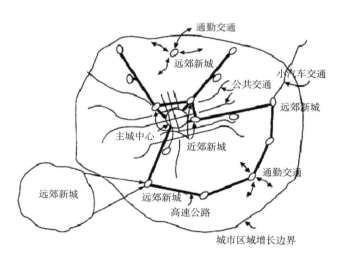

图 1-15　典型大城市空间结构与交通流

资料来源：张洪波. 低碳城市的空间结构组织与协同规划研究 [J]. 科技进步与对策，2010（22）.

二是城市空间布局与城市规模、功能不适应。从国内外城市发展的规律来看，很多城市的规划选择组团式发展形态。然而，多组团与单核心的城市布局适应条件不同。多组团式的城市空间布局适用于规模较大的城市，一般市区人口规模在150万～200万人，甚至人口规模更大的城市才可以考虑多组团，中小城市一般采取因地制宜地规划适应当地城市特征的布局模式。盲目追求多组团的城市空间布局，反而会导致城市集聚效应大大降低、能耗大增、土地利用效益下降。对于北京、上海等超大型城市，倡导多中心的发展模式；对于一般中小城市，更适宜发展单一核心模式，城市发展后期按照基础设施的建设布局走向，发展交通走廊式现状城市或者根据地形地貌发展指状式城市。然而，采取单中心块聚式布局的城市，如果城市发展到较大规模，仍然采取这种布局形态，再叠加快捷的公共交通系统发育缓慢等问题，势必会出现非走廊式的城市形态，导致城市多个核心之间、核心与卫星城区之间毫无方向地无序联结与扩展，造成人口过密、交通拥挤、环境恶化等一系列严重的"城市病"。

2. 交通路网布局不合理

一是交通路网不合理。随着城市中心的地价的不断攀升，高强度、高密度的建设使得地块容积率超高，必然产生高强度的交通需求，而城市中心区道路系统是以自行车和步行为主要交通方式形成的窄马路、小街区的交通系统，道路条件的限制使大运量的公交系统出入不便，造成了道路系统远远不能满足现有的高强度的交通需求。另一方面，大街区、大街坊的城市扩展模式使客流到公共交通枢纽站点步行的距离过长，人们不得不放弃步行的交通而改用机动化的交通，既不便于培养高效率大运量公共交通的交通模式，也不利于街区的运营效率以及城市的运营效率整体提升。

二是土地利用形态与交通供给系统衔接不畅。由于历史原因，大院制土地利用模式的用地在当今的城市中还占有一定的比重，从而造成了土地开发强度处于匀质的分布状态，缺少必要的相对集中的客源点，不便于大运量的公共交通的组织。

3. 职住分离现象突出

伴随着城市规模的不断扩大，出现了中心城—郊区、中心区—外围区—郊区的功能分化，在推进人口郊区化的同时，就业空间也在发生相应的变化。制造业就业人口由集中城区至分散郊区，工业和商业等产业空间及其居住空间之间由混杂趋于相互分离，由此导致产城脱节、职住分离和结构失衡等现象。新城（新区）增长模式也是现今中国大城市截流流向中心城区人口、控制主城人口增长、转移工业经济职能的有效手段。但国内很多新城（新区）发展无论从规模还是用地混合上都存在很多不足之处（图1-16）。由于产业发展与城市建设间的脱节，人口规划和市政建设等配套体系相对滞后，导致产业规划和人口布局脱钩，就业地与居住地间的空间分离，"产城分离"现象加剧。

职住不平衡导致潮汐交通，尽管随着新城（新区）逐渐成长，用地混合比例增加，但如果新城（新区）发展空间与主城区距离过远，仍然会出现"钟摆交通"。新城局部的用地混合在一定程度上能实现城区交通需求内部化，如减

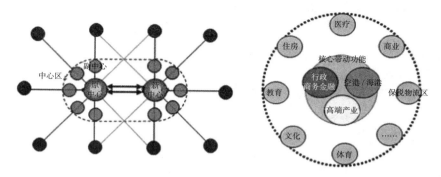

图 1-16　中国新区新城模式及新区功能构成概念图

资料来源：张洪波 . 低碳城市的空间结构组织与协同规划研究 [D]. 哈尔滨工业大学，2012.

少交通出行、改变出行方式等。而从城市宏观角度上看，这种难以独立的新城只是主城区的一部分，新城与主城的机动化联系足以抵消新城交通需求内部化减少的车辆，总体交通需求是增加的。吕斌（2013）等学者基于石家庄城市空间的低碳化增长路径研究中，表明城市以圈层增长、双城增长、新城增长模式对比来看，新城增长模式对城市空间形态的低碳绩效是最差的。

4. 城市生态遭到破坏

人类活动对碳循环的影响在很大程度上是通过改变土地利用方式来实现的，土地利用变化会改变人为能源消费的格局，并进一步影响区域碳循环的速率。随着我国城市化进程的不断加快，大规模的城市用地开发已经成为人类活动改造自然环境的主要方式之一，耕地大幅度减少、建设用地和林地显著增加，土地利用对城市空气环境产生显著影响，产生了复杂的生态环境后果。一方面，低居住密度的摊大饼式城市蔓延比紧凑型城市空气污染物超标情况更严重，造成环境恶化。机动车作为摊大饼式城市蔓延导致环境恶化的众多机制的纽带，随着机动车保有量的快速增加，高达 70% 的能源消费与城市土地的使用形式有关。另一方面，目前我国城市建筑和交通领域用能不断增长，每年有数以千万计的农村人口转移到城市，导致能源消耗总量不断增加、城市环境问题日益突出。同时，城市化推动的大规模基础设施和住房建设，带来了对钢材、铝材、水泥、玻璃等建材高耗能产业的巨大刚性需求，我国快速城市化过程中"碳足迹"加重现象越来越明显。城市对资源的需求和碳排放强度远远超出其所能承载的界限，使得资源环境问题成为我国城市化的瓶颈。此外，城市生态环境品质下降。近年来城中村改造现象普遍存在,高楼林立取代城市休闲绿地，加上城市绿化空间本身明显不足，居住区绿化得不到重视，交通绿化设计单一，原生态环境遭到严重破坏，导致空气污染、噪声污染、辐射等一系列的环境问题，城市居民生活品质明显下降（图 1-17）。

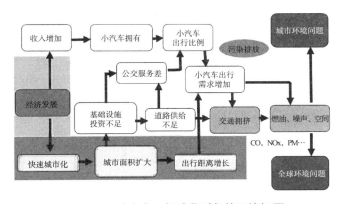

图 1-17　城市化、机动化引起的环境问题

资料来源：潘海啸.面向低碳的城市空间结构——城市交通与土地使用的新模式 [J].
城市发展研究，2010，17（1）：40-45.

（四）城市空间布局低碳优化的规划策略

针对我国城市空间布局存在的高碳化问题，城市空间布局低碳化改造的思路应是降低碳来源、减少碳排放、加强碳捕捉来实现低碳城市的发展，城市空间布局低碳发展的优化路径应通过改变功能布局、提高开发密度、增强城市核心、增加碳汇等改造模式将高碳导向的城市空间结构改变为紧凑集聚型的目标模式（图 1-18）。

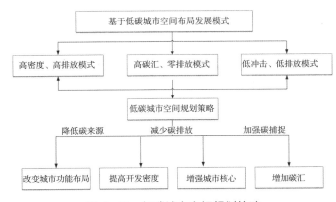

图 1-18　低碳城市空间规划策略

1. 改变功能布局

创新城市空间布局模式。以密度较高、功能混用和公交导向的集约紧凑型开发模式成为主导，适度提高城市核心功能，增强核心地区向外辐射和支撑能力。统筹考虑居住、产业、公共服务设施之间的关系，因地制宜地构建城市空

间布局模式，在中小城市以轨道交通站点为中心构建城市空间布局，沿轨道交通走廊形成城市发展带，将客流量大的地块布局在距离轨道站点 0.5 ~ 0.7km 半径范围内；同时提高其空间紧凑程度，对交通站点与周边地区的土地开发强度实行差异化管理，其他地区的开发强度随交通站点可达性呈梯度递减，充分发挥公共交通的作用，增强资源、服务、基础设施的共享程度，提高混合街区比例，减少城市建设活动对地区生态环境的影响。

注重立体开发，充分利用地下空间。以地下交通为主流开发地下空间，重点建设城市地下轨道交通和地下快速路；拓展项目建设空间，统筹建设地下交通、商业、防灾、管线空间等设施，结合地下交通、地下停车、地下商业等城市公共基础设施及功能，选择在城市中轴线、交通换乘枢纽、商业集中区以及大型居住区等重要公共空间和交通节点地区进行开发建设；注重地下与地上空间在功能、交通方面的一体化利用，形成完整的地下空间网络，促进土地复合多样化利用，降低碳排放。

以就业为导向优化新城区。新城的产业体系规划应先于人口规划，通过优化产业结构，发展服务业，通过空间规划、社区营造的多重手段增设人流密集的商业设施，实现土地的相对混合利用，创造就业机会，集聚人口；完善公共服务等基础设施，畅通新城与城市中心城区的道路交通网络，提升新城区的宜居宜业水平，保障就业人口稳定增长。

以存量优化为抓手改造老城区。以建成区的存量优化改造为抓手，通过有效手段盘活存量资源，将老城区范围内闲置、废弃、低效利用的土地，按照低碳城市的规划理念开展大规模的改造，如对大型废弃的工业遗址进行功能转型，对狭窄道路改造为城市慢行系统等，创造城市绿色空间，实现存量土地良性循环使用。有效地推动居住小区的低碳化生活，形成集约高效、相对紧凑、混合利用、公交导向的城市活动空间。

2. 提高开发密度

整合人口与就业密度。在城市规划层面，科学规划城市各个区的功能定位和产业格局，缓解城市中心城区的压力，合理引导一些中心城区的企业、学校、大型机构等从中心城区分离出来，带动大量的人流从中心城区流向人口密度较小的城市外圈。在城市管理层面，稳步推进城市基本公共服务，推动城市基础设施一体化建设和网络化发展来增强城市的综合承载能力，以平衡人口居住与就业需求。

提高路网密度。针对"小街区密路网"以及城市慢行系统的细化和落实程度较低等问题，现行的规划一是要协调路段与交叉口的关系，重视支路系统的建设；改变传统通过加密轨道交通线网来提高轨道服务覆盖率规划思路，通过多模式交通换乘的方式提高轨道交通站点的服务半径。在规划设计适宜步行与自行车出行方式的城市地块尺度时，要控制在人步行最大距离的限度内，并建设自行车出行系统，辅以发展快速公交、地铁等公共交通，营造出行模式多样的绿色城市体系。二是建立起以日常活动为视角的多中心组团式活动空间结构体系，形成人气集中、公共建筑密集、公共活动丰富的新市中心，形成"多层次级、有机组织、网络联系"的城市公共中心体系。

提高地块容积率与建筑密度。以大运量的快速交通为支撑，在客流量较大的节点，适度加大城市地块的建设量，提高建筑容积率和建筑密度，提高地块的土地产出率。城市公共设施的建设必须与公共交通系统结合起来，避免在城市公共交通服务低水平的地区建设城市公共设施。此外，可以结合地区公共交通的可达性水平确定地块的容积率，公共交通可达性高的地块，可以有较高的开发强度。

3. 强化城市核心

人口规模较大的城市，要打破现有的"摊大饼"的城市格局，强化"多点带面"发展的城市结构，在城市中心城区的外围培育新城镇组团和新城，构建多核心和多组团的城市形态，实现产业空间和人口的"小集聚、大分散"的空间格局。中小城市核心功能较弱，应在人口密度适度集聚、生活与生产设施密度较为适宜的城区，采用破解同心圆圈层的方式，培育为新的核心区或新组团，促进城市功能空间分布均衡，平衡产业空间与居住空间关系，缩短交通出行距离，打造宜居宜业的城市空间结构。

4. 提升碳汇功能

生态系统具有天然的碳吸附功能，对调控地球碳循环具有重要作用。城市应发挥生态绿地的碳吸附功能，合理利用生态系统，防止城市建设活动对其侵占和破坏。应从加强生态碳汇空间统筹管控等方面入手，一是要在城市边缘设置绿环或绿带，辅以楔形绿地渗透入城市中心区，能够有效抑制大城市的无序蔓延；二是协调统筹生态空间与建设用地的发展，构建以森林、湿地、公园绿地、防护绿地、河流水域等为主，以点、线、面全方位的绿地规划，提高其综合功效，在城市区域范围内实现生态网格的覆盖，维持城区内良好的自然环境，实现城市低碳生态。三是建立公共交通走廊的绿化通道。利用城市气候、地形、植被、土壤和水体等自然因素，增加城市绿地、水系覆盖和公共绿地可达性，营造高效、多样、自然生长的绿色碳汇网络，建立垂直低碳的生态安全格局，促进其绿色交通体系的构建，从而限制机动车的出行。

五、城市街区空间布局的低碳优化

（一）低碳街区的典型特征

城市街区空间布局对碳排放的影响通过居民出行来实现，主要有两种方式。第一，街区宏观空间的开发规模、开发密度、用地类型组合决定城市居民在工作、居住、服务三者之间出行的平均距离。这三种功能之间平均出行距离越长，城市温室气体排放量越大。第二，街区微观设计对不同碳排放出行方式提供不同激励，安全、配套齐全的街区，方便可达的公交接驳能够大大降低出行碳排放。低碳城市街区空间布局的典型特征可总结为以下几个方面。

一是高质量的产城融合。低碳的产城融合从功能主义到人本主义过渡，通过产业结构、就业结构、消费结构在实体与空间上的合理布局，实现就业人群与居住人群结构的数量和层级的匹配。良好的产城融合，体现在能够根据开发的具体阶段，配套符合就业人群的具备弹性的居住条件和基础服务功能，并与相邻地区在产业互动、服务关系、交通对接、空间互联上展开合作。

二是公交导向的土地开发。"公共交通导向发展"理念主张"土地利用和城市公共交通系统相结合，促进城市向高密度、功能复合的城市形态发展"。在实践发展中，TOD理论表现出三个典型特征：土地混合开发、可有效减少出行次数、缩短出行距离，促进非机动交通方式出行；高密度建设，促进公共交通出行；宜人的空间设计，形成以步行为核心的空间组织。

三是混合利用的土地开发。混合利用的土地开发体现在城市层面就业、居住、服务用地的融合，减少大面积单一类型用地，缩短不同目的出行距离。社区层面生活配套设施种类齐全，符合社区居民消费需要和消费水平，实现就近消费、就学、游憩。

四是细密集约的小街区及路网。小街区模式基于土地集约原则，强调适宜步行、功能混合、人性化的开放式空间。密集的支路网络，一方面能够为干道提供支撑，另一方面增加路径可选择性，提高交通容量，降低分流管制成本，减少拥堵，降低碳排放。同时，能加强城市渗透性，提升城市活力。

五是充足并分布均匀的绿化用地。充足并且良好的绿地局部，不仅有利于减缓城市热岛效应、减少建筑能耗、引导旅社交通，还有助于营造可持续发展的人居环境。

（二）低碳街区空间布局的测度指标

从来源来看，城市街区的碳排放主要来自于三个方面，即产业、居民生活和交通三个部分。城市街区低碳化的重点同样在于降低碳来源（源头减碳）、消减碳排放（过程减碳）和加强碳捕捉（结果减碳）等三个方面。低碳城市街区空间布局的规划重点在于：一是通过优化不同类型用地空间组合，更加高水平的产城融合，混合土地利用设计和不同功能区有机布局，从交通上进行源头减碳；二是通过交通引导、塑造小街区和密集路网，转变社会出行方式，实现过程减碳；三是扩大生态绿地面积及合理布局，提高生态存在总面积和存在率，加强碳捕捉。基于低碳城市街区空间布局的构建重点，其评价指标体系从五个层面来展开。每个方面都包括核心指数和支撑指标两个层次，核心指数是实现城市街区低碳空间布局的重要因素，而支撑指标层是从规划管理的角度，对上述核心指标的要求进行进一步的细化，以便于规划控制的落实，如表1-11所示。

低碳街区空间布局的核心指数和支撑指标 表 1-11

核心指数	支撑指标	指标内涵	参考标准
公交引领开发	可开发潜力 轨道交通及 BRT 等大容量公交站点周边 800m 范围内的可开发用地占土地面积比例	公共交通周边进行高强度开发的土地保证	50%
	开发强度 轨道交通站点周边 200m 范围内平均建筑容积率（FAR）	范围内分类建筑面积 / 建筑用地面积	办公楼 8.0； 居住区 6.0； 混合类型用地 3.0
	开发均衡度 站点周边 400m 各类土地利用类型的均衡开发	居住、商业、绿地面积熵值	≥ 0.75
	公交可达性 区域内地铁站及 BRT 站点周边 800m 范围内居住人口、就业人口覆盖率	到居住地及各类目的地公共交通可达性，这是衡量公交站点布局均衡性的重要指标	≥ 80%
混合土地利用	土地类型混合 分街区用地类型混合度	居住区周边居住、商业、公共服务设施、教育、绿地、工业用地及未开发用地面积熵值	
	服务供给 住宅区（非产业园区）周边 400m12 项基础功能平均密度	该指标衡量居民日常生活服务及休闲等需求在社区内部及周边得到满足的能力	每种功能至少有 5 种
	职住均衡 市区通勤区域平均职住平衡指数	区域产城融合指标：就业人数 / 居民人数	0.5 ～ 0.7
	通勤区域空间面积	衡量就业区域土地利用延展情况	不超过 15km^2
小街区	城市尺度 快速路、主干路、次干路、支路比例	衡量城市小街区布局现状及改善潜力	1：2：3：8
	城市支路网密度		4.8 ～ 13.5km/km^2
	街区尺度 住宅区街区平均面积	以居住功能为主的街区面积	不超过 2 公顷
	街区地块临街宽度	在功能容纳底线 70m 基础上，不同街区的款临街宽度有不同社会效益表现	行人聚集 50 ～ 70m； 最优空间可渗透 70 ～ 90m； 最高土地经济效益 60 ～ 180m； 最大社区活性 80 ～ 110m
	退线（缩进）	退线是指道路红线与建筑之间的距离。合理的退线距离可以提升建筑与公共领域之间的联系，增加开发者可出售的建筑面积	≤ 5m
	街区街道宽度	适度紧缩的街道是提高街区道路密度的保证	地区性街道 ≤ 25m； 大型街道≤ 45m；

	核心指数	支撑指标	指标内涵	参考标准
小街区	街区尺度	街区慢行专用道路宽度	街区内部步行专用道、自行车专用道及步行/自行车混用车道宽度	步行专用道≥1.5m；自行车专用道≥3m；混用车道≥3m（高车流）
		慢行专用道覆盖率	在已经建成的大街区进行密化过程中，对道路网络难以改变的地区，应提高街区内部步行专用道、自行车专用道覆盖率	≥10km/km²
		街区支路公交线路比例	有公交线路经过的街区内部道路长度占街区内部道路总长度，反映街区内外部公共交通连通性	≥70%
		街区路内停车道长度比例	有设置路内停车道的街区内部道路长度占街区内部道路总长度的比例，在路内设置停车道可以为行人与汽车之间作隔断作用，减少慢行交通与机动车发生摩擦的几率	≥40%
城市绿地	绿地规模	人均绿地面积	城市非农业人口每人拥有的公共绿地面积	10m²/人
		绿地面积用地占比	可用绿色空间占建筑面积比例	20%～40%
	绿地布局	居住区到绿地平均距离	衡量居民日常休闲目的的可达性	≤500m
		绿地分布公平性	用空间自相关系数 Global Moran's I 指数衡量城市绿色空间的分布公平性，主要基于公园等绿地供给及附近 400～800m 范围内居民需求的匹配。Moran's I >0 表示空间正相关性，其值越大，空间相关性越明显，大型绿地分布的区域与居住人口密集的区域高度重合，Moran's I <0 表示空间负相关性，其值越小，空间差异越大，否则，Moran's I＝0，空间呈随机性	Moran's I >0 并显著

（三）城市街区空间布局低碳优化的规划策略

1. 构建产城融合的空间结构

以产兴城、以城促产的关键，在于实现就业人口与居住人口结构的匹配。在城镇化过程中，能够为新增城市人口找到合适的就业供给；在工业化过程中，能够为产生力的提升匹配合适的劳动力。劳动力的供需在空间上近距离的匹配，是低碳城市街区空间布局的必然要求。主要体现在街区就业供需数量均衡（理想的职住比在数量上一般为 1.5 ~ 1.6：1）以外的质量上的匹配（劳动密集型产业区配套高比例经济适用房，技术密集型产业区配套高比例中高端住房），实现小尺度职住均衡。同时，匹配一定群体的劳动力消费水平与结构的配套基础服务，如零售、餐饮、游憩等，也在生活区周边以混合利用形式镶嵌于小街区之中，最终形成低碳产城融合的发展局面。

2. 将土地开发强度和公共交通承载力相匹配

交通与用地的一体化是提高城市交通效率、改善交通出行结构、缓减城市交通拥堵的根本手段。当前，我国很多城市街区中无序的高强度开发和对小汽车交通的过度依赖导致了交通拥堵、居住环境恶化等问题。高密度开发与大容量的公共交通紧密结合，才能够实现以公共交通为先导的城市空间结构。在城市宏观层面，应对开发强度的分布进行总体统筹布局，将开发强度与公共交通运量相匹配，实现居住人口和岗位的分布与公交运力相匹配。土地开发强度（通常使用＋用公共交通站点服务范围内的居住人口／就业岗位进行测算）与公共交通承载力的比值，结合地区路网饱和度，可以评价土地开发强度与公共交通承载力之间的匹配度。由于不同地区路网饱和度不同，故此处不给出相应参考指标。

3. 建设步行优先的邻里社区

步行优先邻里社区的设计意义在于，将原来居民需要开车或者使用其他机动工具前往的目的地设置到居住地步行可达的范围内，从而降低城市街区交通碳排放。

适宜步行邻里社区的一个重要设计标准，是小街区占多数。小街区是密集道路网络的基本建筑模块，是低碳城市街区网络的主要特征。小街区可以提供更短的路线，提高出行效率，尤其是缩短行人的步行距离。从图 1-19、图 1-20 两条的步行路线的对比可以看出，同样的直线距离，在越小的街区行程距离越短。较小的街区将两条路线的长度分别缩短了 43% 和 44%，小型街区能够缩短平均出行距离。

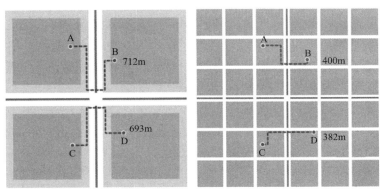

图 1-19 超大街区   图 1-20 小街区

从参数上讲，近10年来不少研究针对合适的街区尺度做了不同地理背景下的研究，从不同的维度提出了不同的参考标准。比如，在功能容纳底线（70m×70m，即街区规模大于0.5公顷）基础上，提出了城市空间可渗透性方面最优的70～90m，即0.5～0.8公顷街区；土地经济效益最高的60～180m临街面，即0.5～4.8公顷街区；社区活动最大化的80m×110m街区；最有利于聚集行人活动的50～70m宽度街区。总之，居住区街区面积应不大于5公顷。从行人体验的角度，安全愉悦的街区步行环境微观空间设计策略如表1-11的参考标准所示。

4. 创建密集的街道网络

国内大部分城市出现的大型干道比例过高，造成各种目的出行均需汇聚使用干道，导致拥堵的规划道路空间布局局面。高效率网络的特点是密集的道路网络，而不是大型干道网络。建议最大街道宽度为45m，这足够设定四条行车道，如设置快速公交专用车道，可将街道拓宽到50m。明确机动车、步行和自行车专用道的密度水平，有助于确保每一种出行模式（步行、骑行、公共交通）均有足够的道路覆盖率。最后一个指标是要求每平方公里至少50个交叉路口，确保足够的路网渗透率。

5. 优先发展慢行网络

低碳城市街区一个重要的特征是包括无车道。良好的自行车与步行网络将降低客运交通碳排放。这种公共无车通道可以用作人行道、自行车道，或承载专用公共汽车，或供公共交通与非机动车用户混合使用。在某种程度上，应有机地为这种无车道设置多种用途。应该设置覆盖全城的自行车道网络，通过与小汽车交通隔开的专用车道，对行人和骑行者提供保护。国际上普遍认可的部分城市低碳自行车网络设计标准如表1-11的参考标准所示。

6. 优化街区碳汇空间布局

开放绿地空间作为城市街区少数的碳汇，每公顷绿地每天消耗二氧化碳约为900kg，生产的氧气约为750kg，是任何宜居城市中的关键部分。小块分散式绿地由于靠近居民的日常生活空间降低了居民到达的交通需求，减少了能源消耗和碳排放。良好的绿地碳汇效果，由城市绿地总量及分布两部分指标反映。充足而分散于各个规划良好的小型街区与道路中的绿地是理想的低碳城市街区空间布局重要组成部分，部分重要指标阈值参见表1-11。

六、政策建议

（一）将低碳理念有机融入城乡规划体系

城镇化地区是碳排放的集中地，加快低碳城镇化发展成为应对气候及环境变化的重要内容，传统的城市规划理念面临着挑战。适应能源短缺和温室气体排放量增加的趋势，在城市规划理论研究和实践的过程中，应将低碳理念融入城市规划体系当中，促进城市规划与时俱进。将"低碳"作为城市规划发展理念、实行相应的行动策略时，一定要做到全方位地开展，以期实现从碳输入到碳输出的全流程低碳化，促进低碳城镇化发展，使低碳发展与经济发展相结合，做到双赢。与此同时，要加强宣传，强化政府和公众对低碳发展的认知，在城市规划建设中加快形成低碳发展的共识，使低碳规划能尽快获得来自社会各界的支持。

当然，由于我国对低碳规划理论的研究明显不足，受其制约，我国城镇化的低碳规划往往还停留在初步探索阶段，还有很多工作要做。要充分借鉴发达国家的先进低碳规划理念，将先进的理念与城市现状相结合，在我国加快推进低碳城镇化的理论研究和推广。同时，也要充分认识到低碳规划对推进我国新型城镇化的必然性和艰巨性，只有充分认识到这个过程的必然性和艰巨性，我国才可能实现城镇化过程中低碳规划理念、低碳发展模式的深远转变。

（二）将低碳指标纳入城乡规划的指标体系

城乡规划指标体系制约着城市规划的编制和实施。低碳指标是低碳城市规划的重要方面，没有指标体系，低碳城市规划将会失去前进的方向。因此，指标体系作为规划实施的主要控制手段，是将低碳理念由概念层面推进到城市规划建设可操作层面的关键所在。

第一，在城市总体规划层面。目前城市总体规划的各项指标均是在工业化过程中形成的，在当前我国大力发展低碳城镇化的形势下，城市总体规划指标体系需要加入新的能够反映城市低碳情况的指标。一是交通、建筑等高耗能领域，为促进低碳交通、绿色建筑的发展，建议在公共交通中增加"新能源汽车使用比例"作为控制性指标，在建筑能耗中增加"建筑节能率""建筑使用可再生能源比例"作为控制性指标；二是为促进城市碳汇建设，建议在生态指标中增加"林地覆盖率""城市绿地植树率"等；三是在与低碳直接相关的能源领域，建议增加"单位工业增加值能耗水平"作为控制性指标，同时将增加"集中供热水平""清洁能源使用比例""可再生能源比例"等作为规划的引导型指标。

第二，在城市详细规划层面。深化目前控制性详细规划的地块发展指标系统，并扩宽规划许可条件可包括的内容，以容纳碳排放减量、能源、资源效率指标。在控制性详细规划阶段，要把低碳的核心要求纳入控规指标体系，把控规作为实施低碳导向的城市规划的重要抓手。考虑到反映低碳的关键性和可操作性，可将关键低碳指标（如建筑节能、雨水利用等）融入控规的规定，并作为刚性要求落实到地块开发建设中。此外，原有的控规指标，在制定时也要更多考虑资源能源节约，如容积率规定可增加对于下限的约束，出入口和停车场的安排更多考虑资源共享和促进公交的使用等。在修建性详细规划阶段，传统的城市设计和修建性详细规划，过分注重空间美学秩序和建筑立面造型，较少考虑资源能源的节约和循环利用。低碳设计方法的核心理念应该是"一减一加"，即"资源能源的减量和节约与人居环境舒适性的增加"，其关键在于对地方自然资源和气候条件的深入理解，并以"尊重自然、适应气候、生态优先"的准则进行规划设计，要更多地鼓励采用自然日照、通风、采光等被动式能源利用方式，同时充分利用可再生能源建筑一体化以及建筑节能的新技术，促进能源节约与资源减量。

第三，推进低碳指标落地。要把城市总体规划层面的低碳指标落实到地块层面，并与法定详细规划/地块开发（控制性详细规划、规划意见书、土地出让合同规划条件）建立明确的操作关系。宏观指标可以针对一个城市整体的社会、经济、环境情况而作出评估，提出基本概念，但当尺度落实到具体空间建设项目、土地开发、容积率、体里、规划设计方案等实施问题时，规划管理人员者需要相应的指标。举例来说，如果城市总体规划指标是要达到不少于20%之可再生能源使用率，在规划编制和管理过程中，须要把不同土地用途甚至个别地块得再生能源使用要求转化为可量度、可审批的详细规划指标，以法定和行政手段实施。

（三）在城乡规划内容设置上增加低碳相关内容

从城镇体系、城市的整体规划、空间布局到城市的交通系统、工业区块规划，再到城市建筑细节以及市政基础设施等方面的内容设置中，都要充分考虑以低碳节能为其重要目标，以保障低碳城镇化落到实处。在城镇体系层面，应注重运用高速公路、高速铁路和电信电缆的"流动空间"来构建"巨型城市"；设计多中心、紧凑型城市的大都市空间结构；用新的功能性劳动分工来组织功能性城市区域；避免重复的城市空间功能分区。在总体规划层面，应综合考虑城市整体的形态构成、土地利用模式、综合交通体系模式、基础设施建设及固碳措施。在详细规划与城市设计层面，应根据总体规划确定的城市形态、土地利用、交通系统，对城市中功能相对集中的地区进行有针对性的研究，并提出具体的减少碳排放的规划对策。

完善城市规划内容体系，既可以考虑在城市总体规划上单独设置一章低碳城镇化的内容，也可以考虑在城市环境专项规划中将低碳发作为重要内容。

专栏1-1

厦门市从城市环境专项规划中贯彻低碳理念

厦门市在城市环境规划中，以自身地理环境特点及地缘空间形态为依据，针对城市的经济生活、交通方式及建筑规划等领域深入挖掘低碳

理念内涵，提出了相对科学的城市规划低碳发展目标。厦门市在城市规划设计中，首先坚持因地制宜和可持续发展的原则。通过对单位GDP能耗进行控制，逐年逐步降低城市碳排放总量的同时，重视景观生态学的科学应用，对城市空间结构进行细致规划，加大原有城市空间的土地开发利用率，依托原有城市绿地系统，建设具有一定规模性的城市居住网络。在城市绿地系统中，加强了斑块及廊道的景观生态作用及各个绿地系统之间的生态联系，尽量辅以乡土植物配置景观，从而维护地域环境生态多样性。

（四）建立城市规划的碳排放评估系统

一是建立碳评估数据库。首先应对现状各类碳排放 / 清除源头的排放 / 清除水平进行评估，一方面建立起当地温室气体排放的基础数据库，另一方面摸清现状总体碳排放水平、碳排放结构，对当地碳排放的总量和主要构成形成清晰的认识。由于目前我国围绕城乡碳排放的相关数据统计工作非常不健全，各部门的数据统计口径不统一，碳排放相关计算数据来源非常分散，有些碳排放系数还需要开展大量的本地化研究工作，因此摸清家底、在数据库建立方面做好扎实的基础性工作，对支撑城市政府可持续地推动碳减排工作非常重要。从城市规划角度分析碳排放还应关注数据库建立的结构与方式，应区别于宏观统计分析部门的行业部门分类方法，应按照规划专业的条块划分形成数据库结构，应以城乡规划的数据作为主要的计算参数，以便支撑通过规划优化来改变碳排放的相关分析研究。

二是建构规划碳排放评估技术。当前城市规划在实现低碳发展方面的作用尚无法评估，方案的评价与比较只能侧重于对理念和策略的原则性分析，当多专业、多系统共同作用时，由于系统之间的相互作用存在多种可能性和多种组合关系，仅仅是主观的、定性的分析已无法支撑最优方案的选择，对总体规划进行定量的碳排放分析极为必要。建构与城市规划相关的碳排放量化分析手段，明确规划的碳减排责任、作用和方式，是城市规划完善的基础，并且应该将其作为规划工具融入城市规划的编制过程。规划碳排放评估分析方法应使减排目标可以落实到具体的空间规划中，应定量分析城市规划策略的减排能力，对规划策略组合的碳排放效果进行系统评估，充分体现策略动态关联和效果叠加的减排效果，解决常规静态评估无法克服的问题，为科学规划决策提供实用手段。

三是建立城市规划低碳评价指标体系。当前对城市减排效果的综合考评指标主要是与社会经济指标挂钩，如单位GDP碳排放、人均碳排放，不能和城市空间规划直接挂钩。可将碳排放总量分解到具体的空间，从低碳角度直观地评估空间规划的效果，以主要城市规划要素的碳排放水平作为评价内容，建立城市规划低碳评价指标，并纳入城市规划评估评价工作中，对城市规划的总体减排效果进行评估。

（五）完善城乡规划编制、审批管理及实施后评价机制

完善规划制度，改变目前按照规划面积收取编制费的思路，将低碳指导部门纳入城市规划审批参与部门，将城镇建设的低碳化作为规划实施评价的重要内容。

一是探索建立老城、新区有别的城市规划制度。贯彻落实资源有效利用的原则，革新原有的老城、新区均一的规划方法，建立起"老城、新区有别的城市规划制度"。对既有建成区，不能视其为一张白纸进行任意规划和拆迁改造，也无须重新规划所有用地的土地用途及强度规定，而要根据现状调查发现的存在问题，如需要改变什么？保护什么？可以保留什么？能够改善什么或调整什么？等等，有针对性地提出改善策略和空间安排，在尊重现状的基础上进行有机更新和渐进改善。对于新区的拓展，规划要有非常强烈的尊重自然、保护生态的意识，防止城市新区的拓展造成不可逆的生态破坏。

二是完善规划编制的相关技术指引。编制相关低碳城市规划编制技术指引和评价标准，提供对城市规划管理部门的技术依据。编制低碳详细规划编制办法，提供技术与规划设计标准。

三是完善规划编制和审批制度。改变目前城市规划"按面积计价"编制收费办法，借鉴国外经验，探索一套符合我国城市发展实际的收费办法。在现在审批制度的基础上，增加低碳生态部门作为城市规划审批的重要参与部门。在规划评审、审批制度上提高城市规划决策的科学性，城市决策者应当尊重科学、尊重规律，杜绝领导换届则规划大改的现象。

四是将低碳规划实施后评价与监测纳入城市规划实效评价体系。城市规划成果实施成效具有滞后性，规划的低碳效果更是如此。城市规划中的低碳各项措施是否有助于温室气体排放的减少，这是在短期内无法测度的。因此，需要城市规划实施的低碳评价与监测机制纳入城市规划实效评价体系，对碳排放进行管控，对城市规划的低碳绩效进行综合的评估，并提出根据结果进行实时修正的方法。

参考文献

[1] Wiedmann T O, Chen G, Barrett J. The Concept of City Carbon Maps: A Case Study of Melbourne, Australia[J]. Journal of Industrial Ecology, 2016, 20（4）: 676-691.

[2] Mccarthy J J, Canziani O F, Leary N A, et al. IPCC—Intergovernmental Panel on Climate Change. Climate Change. Impacts, Adaptation and Vulnerability. A Contribution of Working Group II to the Third Assessment Report of the Intergovernmental Panel on Climate Change（IPCC）. Cambridge: Cambridge Unive[J]. Contribution of Working Group II to the Third Assessment Report, 2001, 19（2）: 81-111.

[3] Jun Li. Towards a low-carbon future in China's building sector—A review of energy and climate models forecast[J]. Energy Policy, 2008, 36（5）: 1736-1747.

[4] Dhakal S. Urban energy use and carbon emissions from cities in China and policy implications[J]. Energy Policy, 2009, 37（11）: 4208-4219.

[5] Liu Z. China's Carbon Emissions Report 2015[J]. Working Paper, 2015.

[6] Darido G, Torres-Montoya M, Mehndiratta S. Urban transport and CO_2 emissions: some evidence from Chinese cities[J]. Wiley Interdisciplinary Reviews Energy & Environment, 2014, 3（2）: 122-155.

[7] R. G. Holcombe and D. W. Williams.Urban sprawl and transportation externalities[J].The Review of Regional Studies, 2010, 40: 257.

[8] P. Zhao.Sustainable urban expansion and transportation in a growing megacity: Consequences of urban sprawl for mobility on the urban fringe of Beijing[J].Habitat International, 2010, 34: 236-243.

[9] R. Ewing, R. Pendall, and D. Chen.Measuring sprawl and its transportation impacts[J]. Transportation Research Record: Journal of the Transportation Research Board, 2003: 175-183.

[10] R. Ewing, R. Pendall, and D. Chen.Measuring sprawl and its impact: the character and consequences of metropolitan expansion[R]. Washington, DC: Smart Growth America, 2002.

[11] P. Gordon and H. W. Richardson.Defending suburban sprawl[R].Public interest, 2000: 65.

[12] E. Miller and A. Ibrahim.Urban form and vehicular travel: some empirical findings[J]. Transportation Research Record: Journal of the Transportation Research Board, 1998: 18-27.

[13] J. D. Marshall, M. Brauer, and L. D. Frank.Healthy neighborhoods: walkability and air pollution[R]. 2009: 117.

[14] M. G. B. Hsin-Ping Hsu, Susan Handy.Impact of Jobs—Housing Balance on Passenger Vehicle Use and Greenhouse Gas Emissions—Technical Background Document[R]. C. E. P. A. Air Resources Board, Ed., ed: California Environmental Protection Agency, 2014.

[15] G. Arrington and R. Cervero.TCRP Report 128: Effects of TOD on Housing, Parking,

and Travel[R]. Washington, DC, Transportation Research Board of the National Academies, 2008（3）.

[16] C. Rodier.Review of International Modeling Literature: transit, land use, and auto pricing strategies to reduce vehicle miles traveled and greenhouse gas emissions[J]. Transportation Research Record: Journal of the Transportation Research Board, 2009: 1-12.

[17] Marshall J D. Energy-efficient urban form[J]. Environmental Science & Technology, 2008, 42（9）: 3133-3137.

[18] R. Cervero and J. Murakami.Effects of built environments on vehicle miles traveled: evidence from 370 US urbanized areas[J]. Environment and planning A, 2010, 42: 400-418.

[19] Makido Y, Dhakal S, Yamagata Y. Relationship between urban form and CO_2, emissions: Evidence from fifty Japanese cities[J]. Urban Climate, 2012, 2: 55-67.

[20] S. Lee and B. Lee.The influence of urban form on GHG emissions in the US household sector[J]. Energy Policy, 2014, 68: 534-549.

[21] D. Webster, A. Bertaud, C. Jianming, and Y. Zhenshan.Toward efficient urban form in China[R]. Working paper//World Institute for Development Economics Research 929230335X, 2010.

[22] D. Hawkes.Energy and urban built form: Elsevier[Z].2012.

[23] P. Zhao and S. Li.Restraining transport inequality in growing cities: Can spatial planning play a role?[J]. International Journal of Sustainable Transportation, 2016, 10: 947-959.

[24] R. Cervero and K. Kockelman.Travel demand and the 3Ds: density, diversity, and design[J].Transportation Research Part D: Transport and Environment, 1997, 2: 199-219.

[25] N. Karathodorou, D. J. Graham, and R. B. Noland.Estimating the effect of urban density on fuel demand[J].Energy Economics, 2010, 32: 86-92.

[26] L. D. Frank.An analysis of relationships between urban form（density, mix, and jobs: housing balance）and travel behavior（mode choice, trip generation, trip length, and travel time）[R]. Final technical report, 1994.

[27] R. Vickerman and T. Barmby.Household trip generation choice—Alternative empirical approaches[J]. Transportation Research Part B: Methodological, 1985, 19: 471-479.

[28] Etminani-Ghasrodashti R, Ardeshiri M. The impacts of built environment on home—based work and non—work trips: An empirical study from Iran[J]. Transportation Research Part A: Policy and Practice, 2016, 85: 196-207.

[29] J. Scheiner and C. Holz-Rau.Travel mode choice: affected by objective or subjective determinants?[J]. Transportation, 2007, 34: 487-511.

[30] L. Frank, M. Bradley, S. Kavage, J. Chapman, and T. K. Lawton.Urban form, travel time, and cost relationships with tour complexity and mode choice[J].Transportation, 2008, 35: 37-54.

[31] C. Chen, H. Gong, and R. Paaswell.Role of the built environment on mode choice decisions: additional evidence on the impact of density[J].Transportation, 2008, 35: 285-299.

[32] J.-S. Lee, J. Nam, and S.-S. Lee.Built environment impacts on individual mode choice: An empirical study of the Houston-Galveston metropolitan area[J].International journal of sustainable transportation, 2014, 8: 447-470.

[33] O. Johansson and L. Schipper.Measuring the long-run fuel demand of cars: separate estimations of vehicle stock, mean fuel intensity, and mean annual driving distance[J]. Journal of Transport Economics and Policy, 1997, 277-292.

[34] T. Schwanen and P. L. Mokhtarian.What if you live in the wrong neighborhood? The impact of residential neighborhood type dissonance on distance traveled[J]. Transportation Research Part D: Transport and Environment, 2005, 10: 127-151.

[35] J. Morphet.Effective Practice in Spatial Planning: Taylor & Francis[R]. 2010.

[36] G. B. Dantzig. Compact City: Heredity & Envr: W.H. Freeman[R]. 1973.

[37] D. Gordon and S. Vipond.Gross density and new urbanism: comparing conventional and new urbanist suburbs in Markham, Ontario[J].Journal of the American Planning Association, 2005, 71: 41-54.

[38] 胡建东. 城市产业经济与城市规划关系初探 [J]. 上海城市规划, 1999（6）.

[39] 史忠良等. 产业经济学 [M]. 北京：经济管理出版社, 1998.

[40] 韩少平. 浅谈新时代我国的城市规划与经济发展 [J]. 内蒙古科技与经济, 2005(2).

[41] 朱介鸣. 市场经济下中国城市规划理论发展的逻辑 [J]. 城市规划学刊, 2005（1）.

[42] 仲利强. 我国生态城市建设策略研究 [J]. 山西建筑, 2005（18）.

[43] 卢济威. 论城市设计的整合机制 [J]. 建筑学报, 2004（1）.

[44] 申连杰, 常青. 城市规划管理问题透视 [J]. 城乡建设, 2001（3）.

[45] 宋振宇, 陈琳. 对城市规划管理体系的思考与认识 [J]. 城市规划, 1998（1）.

[46] 国务院发展研究中心课题组. 中国城镇化前景、战略与政策 [M]. 北京：中国发展出版社, 2010.

[47] 陆大道, 姚士谋, 等. 2006 中国区域发展报告 [M]. 北京：商务印书馆, 2007.

[48] 中国发展研究基金会. 促进人的发展的中国新型城市化战略 [M]. 北京：人民出版社, 2010.

第二章 中国碳区划研究——基于地级及以上城市单元推演

本章在厘清碳区划概念、构建碳排放关系模型的基础上，以碳排放强度、碳排放效率、固碳能力为碳区划的主要判定因子，对标 2030 年中国碳排放峰值目标，以地级及以上城市为空间单元，充分考虑碳排放权益公平性、提高碳排放效率和各城市固碳能力等辨识标准，基于基期和预期数据，将中国国土空间划分为可以全覆盖的碳排放潜力地区、碳排放次潜力地区、碳排放削减地区三类主体类型区；考虑动态变化和城市个性因素，设置一类碳区划的动态随机调整空间，即碳排放潜力不稳定地区，旨在增强碳区划政策的调控区间。据此，研究提出基于碳区划的低碳城镇化政策含义和对策建议。

一、问题的提出

由于开展基于更小行政单元或者超越行政单元，依据碳排放容量对国土空间进行区域划分形成碳区划类型，在实现路径中仅有理论上的可行性，实际操作比较困难，所以碳区划研究从学术上看尚属一个新命题，但对于开展基于低碳路径的国土空间开发具有重要的现实意义。

（一）碳区划的概念诠释

一般地，区划是根据一定的划分依据和目的，对特定空间进行区域划分。例如，按照行政单元，我国国土空间可以划分为省级、地市级、县区级、乡镇级的行政区划；按照开发强度，主体功能区规划中将我国国土划分为优化开发区、重点开发区、限制开发区和禁止开发区等。碳区划，顾名思义即基于碳考量的区域划分。本研究认为碳区划是在综合考察不同区域碳排放强度、碳排放效率和固碳能力的基础上，充分体现不同区域碳排放权益的公平性，对标未来某个时间节点的碳排放峰值目标，对一个国家的国土空间进行碳排放潜力的区域划分，为国土空间开发活动安排及其相应的减碳政策制定提供基于碳排放的区划依据。

需要说明的是，正是由于《巴黎协定》后国际社会共同努力控制碳排放规模，才倒逼参与协定的国家肩负国际责任，尽可能地削减碳排放规模，碳排放控制更多是一个未来变量，即应以区域碳排放潜力而不是碳排放存量规模为依据来制定碳排战略及政策。因此，本书研究的碳区划是基于区域差异化的碳排放潜力来划分国土空间的，其中，全国的碳排放规模及其区域分布仅是其中一个参考变量。

具体地，碳区划的内涵可以从以下几个方面诠释：

一是碳区划是基于碳排潜力的区域划分。以区域自然本底气候特征等地理数据、碳排放存量规模、人口存量及预测规模、经济存量及预测规模等为基础，兼顾碳排效率和碳排放权益及其发展权的公平性，判定区域基期碳排放本底特征和未来碳排放潜力。依据碳排放的潜力，对国土空间按照潜力等级进行划分。

二是碳区划具有动态变化属性。在碳排放潜力判定上，既要充分考虑碳排放本底基础，同时还要充分预判未来区域碳排放的演变趋势，显然一个区域碳排放潜力是动态变化的，具有显著的阶段性特征。因此，基于碳排放潜力得到的碳区划方案也具有动态性，特别是随着区域经济社会结构的演变以及地理气候生态环境的不断变化，碳区划也会随之发生新的分类。

三是"碳区划"是在"区划碳"认知基础上的科学归类。对区划碳的科学判定是碳区划的前提，即基于省区或地级市行政单元的碳排放数据，通过碳排放关系模型理论框架的指导，寻找国土空间上的碳排放演变趋势和基本规律，在此基础上进一步地对国土空间进行碳排放潜力的区域划分。

四是基于市级单元碳区划的政策含义在于推动精准减排的低碳城镇化。目前，我国开展的低碳试点等相关工作，总体上可以认为是基于减排视角的经济社会发展规划及相关工作。此外，从全国范围看，目前尚不能对碳足迹、碳潜力特征进行更小行政区划单元的判定，可供决策参考的碳排放数据大多是基于省区单元。因此，以地级及以上城市为空间单元的碳区划，可为推进低碳城镇化提供精准施策的依据。

（二）研究意义

自 20 世纪中叶起，关于全球环境问题的讨论日益增多，生态文明理念逐渐深入人心，人们越来越认识到，全人类必须一致行动起来阻止由于碳排放量大规模快速增长带来的环境灾难，在这一背景下，低碳发展思潮日益盛行，人类社会开始进入低碳革命的新纪元。在中国，国家政府一直高度关注低碳发展。1998 年中国成立了国家气候变化对策协调小组[①]，标志着国家战略层面应对气

---

① 1990 年，中国政府在当时的国务院环境保护委员会下设立了国家气候变化协调小组，由当时的国务委员宋健同志担任组长，协调小组办公室设在国家气象局。1998 年，在中央国家机关机构改革过程中，设立了国家气候变化对策协调小组，由国家发展计划委员会原主任曾培炎同志任组长。小组由国家发展计划委员会牵头，成员由国家发展计划委员会、国家经贸部、科技部、国家气象局、国家环保总局、外交部、财政部、建设部、交通部、水资源部、农业部、国家林业局、中国科学院以及国家海洋局等部门组成，其日常工作由国家气候变化对策协调小组办公室负责。

候变化、促进低碳发展的高度重视及推进决心；到 2010 年国家正式启动推进低碳试点工作，开启了我国低碳发展从理论与政策大讨论到地区实践发展的新篇章。应该说，近 10 年来，关于低碳发展的理论研究和实践工作都取得了重大推进，但是围绕碳区划的深入研究还是一个新命题，显然聚焦中国碳排放的空间分布特征开展碳区划研究具有重要的意义。

一是具有较强的理论意义。碳区划研究属于跨学科研究范畴，往往研究低碳问题的多属于环境经济、可持续发展等相关学科内容，区划问题又属于区域经济、人文地理等相关科学内容，综合两类学科的理论基础和研究方法，开展碳区划研究具有重要的理论价值，能够为丰富相关学科理论作出贡献。

二是具有重要的实践作用。基于尽可能小的行政区划单元提出我国的碳区划，能够为当前国家全面推进生态文明建设、推进低碳城镇化战略提供政策制定和工作落实的重要依据，针对不同类型的碳区划地区，可以制定更加精准的碳排放约束政策，为推进新型工业化、新型城镇化工作提供基于碳区划的研究支撑。

（三）简要文献述评

目前，针对碳区划的研究较少，基于省区数据的碳排放及相关政策措施研究较多，主要是由于省区的碳排放数据在统计上可得。

一是基于省区碳排放数据对既有区域划分的碳排放强度展开研究。目前，除了西藏、台湾和港澳台之外，其他各省区的碳排放数据基本可得，因此基于省区行政单元的碳排放问题研究较多（石敏俊，等[1]，2012；程叶青，等[2]，2013）。另外，也有一些研究，以省区碳排放数据为基础，对不同类型区域进行碳排放研究，例如，赵雲泰等（2011）[3]对八大经济区域，即东北综合经济区（辽宁、吉林、黑龙江）、北部沿海综合经济区（北京、天津、河北和山东）、东部沿海综合经济区（上海、江苏、浙江）、南部沿海经济区（福建、广东、海南）、黄河中游综合经济区（陕西、山西、河南和内蒙古）、长江中游综合经济区（湖北、湖南、江西和安徽）、大西南综合经济区（云南、贵州、四川、重庆和广西）、大西北综合经济区（甘肃、青海、宁夏和新疆）进行碳排放强度的演变分析，发现碳排放强度的空间差异与区域资源禀赋、经济发展、产业结构和能源利用效率等因素密切相关。再如，董锋等[4]（2014）研究东中西三大地带的碳排放差异。

---

[1]　石敏俊等.中国各省区碳足迹与碳排放空间转移[J].地理学报，2012，67（10）：1327-1338.
[2]　程叶青等.中国能源消费碳排放强度及其影响因素的空间计量[J].地理学报，2013，68（10）：1418-1431.
[3]　赵雲泰等.1999～2007年中国能源消费碳排放强度空间演变特征[J].环境科学，2011，32（11）：3145-3152.
[4]　董锋等.我国碳排放区域差异性分析[J].长江流域资源与环境，2014，23（11）：1526-1532.

二是对于区域碳排放强度的影响因素分析。基于国家和省区的数据，关于碳排放影响因素的研究成果相对较多。例如，程叶青（2013）运用空间面板计量模型分析结果表明，能源强度、能源结构、产业结构和城市化率对中国能源消费碳排放强度时空格局演变具有重要影响。石敏俊（2012）研究发现，中国存在着从能源富集区域和重化工基地分布区域向经济发达区域和产业结构不完整的欠发达区域的碳排放空间转移。此外，郑长德、刘帅（2011）[1]研究发现，经济增长与碳排放呈现出正相关关系，高碳排放的地区多处于经济发达的沿海地区，而低碳排放的地区多处于经济落后的内陆地区；我国目前的经济增长对碳排放的依赖性较强，经济增长对碳排放的弹性系数约为 0.8 左右。

三是基于灯光数据推演出地级市单元的碳排放强度空间分析。以地级及以上城市单元进行碳区划的研究非常有意义，但是现有成果很少。2015 年，苏泳娴在中国科学院大学的博士论文中利用灯光数据与碳排放的关系模拟，推演地级市的碳排放数据，从而得到了碳排放的空间分布，具有重要启示与借鉴意义[2]。

二、碳区划判定因子的识别

依托现有关于碳排放影响因素的研究成果，特别是关于省区基础数据分析得到的碳排放影响因子的经验，尝试构建不同空间尺度上的碳排放影响因素及其碳排放关系模型，为碳区划提供理论依据与逻辑认知框架。

（一）碳排放与碳吸收的影响因子

根据联合国政府间气候变化专门委员会的定义，碳源[3]（Carbon source），就是指二氧化碳（CO_2）气体成分从地球表面进入大气，如地面燃烧过程向大气中排放 CO_2，或者在大气中由其他物质经化学过程转化为二氧化碳气体成分，大气中的 CO 被氧化为 CO_2。从分类上看，包括能源及转换工业、工业过程、农业、土地使用的变化和林业、废弃物、溶剂使用及其他方面 7 个部分。在我国，2001 年 10 月，国家计划委员会气候变化对策协调小组办公室起动的"中国准备初始国家信息通报的能力建设"项目中，将温室气体的排放源分类为能源活动、工业生产工艺过程、农业活动、城市废弃物和土地利用变化与林业 5 个部分。

从研究上看，目前大量研究认为一个地区的经济发展规模与碳排放具有较强的正相关性，即经济活动规模和强度越大，地区碳排放越多。从二氧化碳排

① 郑长德，刘帅.基于空间计量经济学的碳排放与经济增长分析 [J].中国人口资源环境，2011，21（5）：80-86.

② 苏泳娴.基于 DMSP/OLS 夜间灯光数据的中国能源消费碳排放研究 [D].广州：中国科学院大学（广州地球化学研究所），2015.

③ 根据《中国低碳年鉴 2010》第 1005 页：《联合国气候变化框架公约》定义的"碳源"为向大气中释放二氧化碳的过程、活动或机制；"碳汇"是指为从大气中消除二氧化碳的过程、活动或机制。

放的源头看，人类经济社会活动过程中由于会产生能耗，从而会产生碳排放。因此不难发现，在特定技术条件下，人口经济社会活动密集的地区碳排放强度较高。具体地，又可以进一步分解区域碳排放的若干影响因素。

一是产业结构的碳排程度。传统的高耗能的产业结构，特别是以化石能源为主导的产业在加工制造过程中会消耗大量的能源，并且排放大量的二氧化碳。除了工业和建筑业的大量碳排放以外，在传统的农业和服务业领域同样也会产生碳排放。因此，产业结构是地区碳排放的重要影响因素，包括三个产业的结构以及加工制造业内部的重化工和轻工业比重等。

二是人口生活能耗规模。在城镇化人口密集地区，由于人口的衣食住行活动规模和频率高，由此导致碳排放的规模相比人口规模较少地区要大得多。因此，人口规模本身就是碳排放强度和密集的重要判断依据。从人口规模上看，一个地区的碳排放变化，既要考虑人口规模基数，更要预测未来人口规模变数。

三是知识水平（经济发展水平、技术发展水平、低碳意识等）。在环境库兹涅茨曲线研究范式下，一般认为经济发展水平与环境污染具有加强的相关性，即随着经济发展水平的提高，环境污染会从不断增加到逐渐减小的趋势转变，这其中最关键的影响因素就是技术水平。随着全社会技术发展水平的提高，生产和生活领域各类减排技术的推广应用，碳排放会出现技术性地降低。与此同时，随着人们低碳意识的提高和低碳理念的形成，将会推动各领域活动的减排。显然，以低碳技术和意识为重要表征的知识水平是碳排放重要影响因素。

四是广义上的贸易活动。从理论上，对于一个地区而言，如果该地区用于生产生活的大部分物品均由区外引进，那么该地区碳排放仅仅会体现在跨区域的交通运输上；相反，那些自给自足的地区由于要生产尽可能多的产品用以满足人们日益增长的物质消费，从而导致碳排放规模的不断攀高。

五是地域空间相关性。区划是人为划分的，而在地球物理空间上，陆地、海域和大气都具有空间上的关联性，一个地区的碳排放会通过大气气流活动流入相邻的其他地区，由此出现地区空间上的碳排放相关关系。

六是碳汇吸收能力。碳汇（Carbon sink），与碳源相对应，一般是指从空气中清除二氧化碳的过程、活动、机制，是指自然的或人造的、能够无限期地吸收和储存含碳的化合物的场所。其中，主要的自然碳汇包括：海洋碳汇、森林碳汇和湿地碳汇[①]；主要的人工碳汇包括：垃圾填埋场、碳捕获和碳储存设备

[①] 森林碳汇和湿地碳汇都是依靠植物与藻类的光合作用形成碳汇作用，发挥碳储存功能。森林碳汇是指森林植物吸收大气中的二氧化碳并将其固定在植被或土壤中，从而减少该气体在大气中的浓度。森林是陆地生态系统中最大的碳库，在降低大气中温室气体浓度、减缓全球气候变暖方面，具有十分重要的独特作用。二氧化碳是林木生长的重要营养物质，它把吸收的二氧化碳在光能作用下转变为糖、氧气和有机物，为生物界提供枝叶、茎根、果实和种子，提供最基本的物质和能量。林木通过光合作用吸收了大气中大量的二氧化碳，减缓了温室效应，这就是森林的碳汇作用。这一转化过程就形成了森林的固碳效果。森林是二氧化碳的吸收器、储存库和缓冲器。反之，森林一旦遭到破坏，则变成了二氧化碳的排放源。

等。实际上，在人类活动产生的二氧化碳中，有将近 60% 被地球上的海洋和植物吸收，这才使得地球的气候变化在许多世纪以来被控制在一定程度之内。

（二）区域碳排放关系模型的构建

基于碳排放规模影响因素的认识，可以构建区域碳排放关系模型。首先，从区域范围空间维度上看，设置从小到大不同的区域范围，例如，划分市级、省区级、国家等不同大小层级的区域范畴。其次，在时间维度上，可以从经济社会发展水平和人们对碳排容忍度的角度来简单划分阶段，如，低发展水平下的碳容忍度高阶段、高发展水平下的低碳容忍度，也即在经济社会发展水平较低的时候，人们更多关注的是温饱或者消费水平的提高，而较少关注碳排放，随着发展水平的提高，人们日益关注环境质量和追求环境价值，就会意识到要减少碳排放。再者，对碳容量分三个部分组成，一是该地区碳排放基数，二是碳输入，三是碳汇吸收中和。由此，可以构建如图 2-1 所示的区域碳排放关系模型。从理论推演的逻辑框架上，区域碳排放关系模型可为不同空间尺度的碳区划提供依据。

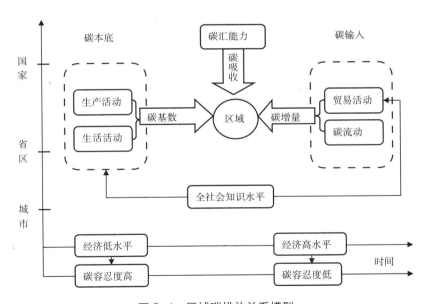

图 2-1　区域碳排放关系模型

根据区域碳排放关系模型，从逻辑上看，对于任何空间尺度，都可以通过该空间上的碳排放量规模和碳吸收能力来判定碳容量水平。同时，需要充分考虑两个外在变量：一是技术变量，即技术条件会改变碳排放规模以及增加碳汇能力；二是经济发展水平变化导致的人们对碳空间容忍度的变化，即随着人们生活水平的提高，人们会越来越注重生态环境的变化，会增加对生态环境改善的价值追求，理想状态下，人们会尽可能追求所谓的近零碳区。

进一步地，在生产力发展的不同阶段，发展水平具有较大的差异性。根据发展水平的差异，通常可以把社会划分为贫困型、温饱型、小康型和富裕型四种形态。另外，从碳排放的容忍度上可以划分为容忍和不可容忍两种类型。那么在任何社会发展形态中也都有可能出现容忍和不可容忍两种情形。这样，碳排放的接受度就存在贫困型可容忍、温饱型可容忍、小康型可容忍、富裕型可容忍四种类型（图2-2）。这样，就可以充分反映，在不同的社会形态下，由于发展水平和人们意愿的不同，对碳排放量的标准和认同度存在差异性，特别是随着发展水平和文明程度的提高，人们对绿色价值追求应该是越来越高的。

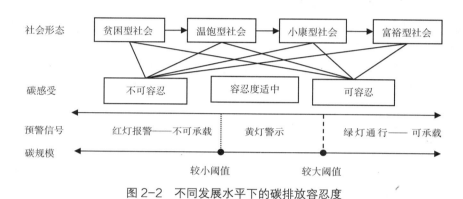

图2-2　不同发展水平下的碳排放容忍度

（三）城镇化进程碳区划的判定因子

1. 时间维度

城镇化本身是一个过程概念，在不同的城镇化阶段，碳排放规模、强度、能力以及碳感受都不一样，不同城镇化阶段碳排放特征差异较大。此外，我国向国际社会承诺的碳排放战略目标是到2030年实现碳排放峰值。因此，当前要对我国国土空间进行碳区划，就需要以当期的城镇化碳排放相关数值为基数，同时展望到2030年碳排放峰值目标，来判定不同区划或城市的碳排放空间与潜力。

2. 空间维度

根据区域碳排放关系模型可知，碳排放最终落到一个地域空间，空间范围与特征识别是碳区划研究的空间基础。目前，国际和省区层面的碳排放规模、碳排放强度等相关目标都较为明确。但是，基于城市视角的碳排放相关考量和研究相对滞后。为深度推进低碳城镇化战略，需要深化基于城市空间维度的碳区划识别。因此，本研究选择城市单元的空间视角。

3. 碳排放强度

人口规模是碳排放的重要影响因素，同时从发展公平的角度看，生活在不同区域和城市的人口应该具有同等的碳排放权益。因此，这里用单位人口的碳排放规模来刻画碳排放强度。将 2030 年可以预测的人均碳排放强度作为目标值，对比当前各城市的人均碳排放值，就可以得到碳排放强度的空间大小。从碳排放权益公平角度上看，应该让那些过去碳排放强度较小的地区在今后城镇化过程中进一步增强碳排放强度，从而提高经济社会发展水平。对于碳排放强度较大的地区，要缩减碳排放，把工作重点放在提高碳排放效率上。

4. 碳排放效率

碳排放影响因子中的产业结构、知识水平、广义上的贸易活动等，都可以归结为地区经济发展水平，可以用地区生产总值（GDP）来反映。因此，这里用单位 GDP 的碳排放规模来反映城市的碳排放效率，既能刻画城市的碳排放规模、又能反映城市碳排放背后的产业结构特点、各类经济活动和知识水平等。碳排放效率高的城市比碳排放效率低的城市更有条件在城镇化进程中增加涉碳活动。

5. 固碳能力

根据碳排放关系模型知道，不同区域和城市由于森林、植被、湿地甚至气温的差别，对碳的吸收能力大小差异较大。显然，固碳能力大小同样是判定一个区域碳排放潜力大小的重要指标之一。因此，要对全国不同城市进行固碳能力的划分，在此基础上可以认为，固碳能力较大地区可以增加适度的碳排放，对于固碳能力较小地区则应将减少碳排放为低碳城镇化方向。

三、中国碳区划方案的提出

根据对碳区划的概念认知和区域碳关系模型，以中国碳排放峰值强度预测为基础，以我国地级及以上城市为单元，以碳排放强度、碳排效率和固碳能力为关键因子，对城市进行单因子分类，进而提出综合因子的中国碳区划方案。

（一）中国碳排放峰值与强度预测

从碳排放趋势上看，2014 年 11 月 12 日，中美两国在北京联合发布《中美气候变化联合声明》，两国宣布各自在 2020 年后应对气候变化的行动和减排目标。其中，中国计划 2030 年左右二氧化碳排放达到峰值且将努力早日达峰，到 2030年非化石能源占一次能源消费比重提高到 20% 左右。对于碳排放未来增长规模，张建民（2016）[1] 通过分析，瞄准 2030 年中国实现二氧化碳排放峰值，根据

---

① 张建民 . 2030 年中国实现二氧化碳排放峰值战略措施研究 [J]. 能源研究与利用，2016，6：18-21.

可选择的方案建立碳排放预测模型，预测在 BAU[①]、节能、能源优质化以及经济低速等不同情境方案下，2030 年碳排放增长峰值分别为 172.13 亿 t、147.02 亿 t、116.16 亿 t 和 100.38 亿 t（表 2-1）。为方便研究，可以取张建民（2016）以上四种方案峰值的平均值，即为 133.92 亿 t。此外，对比参考马丁、陈文颖（2016）[②]根据中国碳排放达峰情景下，通过发展新能源与可再生能源以及推广高耗能工业的节能减排技术，使得电力、工业和高耗能工业部门分阶段地实现碳排放达峰，预测可实现 2030 年的碳排放峰值为 100 亿~108 亿 t。综合考虑，当前中国碳减排的巨大压力、经济中长期进一步增长的较大潜力和将为减排做出更多有效措施等因素，为赋予更多政策空间，本研究就高原则选择 133.92 亿 t 作为 2030 年碳峰值。

不同方案下的 2030 年中国碳排放峰值预测（单位：亿 t）　　　　　表 2-1

方案	2014 年	2020 年	2025 年	2030 年
BAU	93.48	118.80	148.94	172.13
节能	93.48	116.23	130.97	147.02
能源优质化	93.48	113.66	110.58	116.16
经济低速	93.48	111.10	100.38	100.38

资料来源：张建民.2030年中国实现二氧化碳排放峰值战略措施研究[J].能源研究与利用2016，6：017.

从人口规模变化看，从官方测算看，按照国家卫生计生委的预计，2030 年前后总人口达到 14.5 亿左右的峰值；到 21 世纪中叶，中国人口总量仍将保持在 13.8 亿人左右。从学术测度看，按照易富贤、苏剑（2014）[③]根据新人口政策和国际人口生育率及增长规律，到 2030 年按照高中低三个方案，预测的中国人口分别为 13.82 亿、13.71 亿和 13.55 亿人；同时指出，如果停止计划生育政策，峰值出生规模在 2000 万左右，总人口将在 2023 年达到 14.0 亿的峰值后负增长，即便生育率能够稳定在 2.1，中国人口将在 2035 年达到 14.73 亿的峰值。通过官方和学术方面关于人口增长规模的测算结果来看，大体相当。为便于研究，这里选择官方预测的 14.5 亿人口作为 2030 年的人口规模。综上，可得到 2030 年，中国碳排放的规模和人均规模，即 133.92 亿 t 和 9.24t/ 人。

[①]　BAU（Business as Usual）能源发展方案是按照我国常规的经济发展目标进行的终端能源需求预测的基础上形成的能源发展方案。
[②]　马丁、陈文颖. 中国 2030 年碳排放峰值水平及达峰路径研究 [J]. 中国人口·资源与环境，2016，5：1-4.
[③]　易富贤、苏剑. 从单独二孩实践看生育意愿和人口政策——2015—2080 年中国人口形势展望 [J]. 中国发展观察，2014，12：58-78.

（二）不同关键因子的碳区划城市分类

1. 基于人均碳排放强度的城市分类

按照 2014 年全国碳排放 83.48 亿 t，2014 年中国人口规模 136782 万人，可以测算得到 2014 年中国碳排放强度为 6.83t/ 人；与此同时，本课题组根据主要城市加总计算得到的中国碳排放强度为 4.74t/ 人，由此中国碳排放实际强度为高于课题组计算结构的 1.44 倍。以 1.44 为系数，乘以课题组计算得到的碳排放及其强度数据[①]，最终得到主要城市 2014 年实际的碳排放强度数。对比 2030 年 9.24t/ 人的碳排放强度，对目前各城市碳排放强度进行差减，并按照差值进行分类，作为碳排放强度空间划分的标准依据（表 2-2），并将碳排放强度空间类型划分分为尚大、中等、近零和缩减四大类（表 2-3）。

这里以人均碳排放强度的现状值与全国水平的预期峰值的差值大小作为碳排放潜力空间大小的依据，主要是从各城市应该享受相对公平的碳排放权益的角度来考虑，即人均碳排放已经较多的城市应缩减碳排放量，相比之下，那些过去人均碳排量较小的城市，应允许在未来发展中获得更多的碳排放增量。

碳排放强度空间类别的划分标准　　表 2-2

碳排强度	差距数值范围	说明
碳排放空间尚大	5 ~ 9	以 2030 年中国碳排放 9.24t/ 人的标准，减去各城市 2014 年碳排放强度，得到与各城市碳排放强度的差距数值，进一步进行分类。其中，最大数 8.68 为定西市，最近零数 0.03 为玉溪市，最小数 −73.42 为嘉峪关市
碳排放空间中等	2 ~ 4.9	
碳排放空间近零	0 ~ 1.9	
碳排放需要缩减	为负值	

基于碳排放强度的城市碳排放空间大小分类　　表 2-3

强度分类	城市
碳排放空间尚大	宿迁市、临汾市、延安市、丹东市、长春市、安顺市、广元市、齐齐哈尔市、蚌埠市、梧州市、绵阳市、遵义市、景德镇市、重庆市、南宁市、昆明市、宁德市、雅安市、荆州市、贺州市、哈尔滨市、白山市、十堰市、运城市、桂林市、来宾市、铁岭市、普洱市、泸州市、汕头市、鹰潭市、淮北市、庆阳市、淮安市、牡丹江市、宝鸡市、淮南市、黄冈市、吕梁市、枣庄市、宜宾市、张掖市、黄山市、盐城市、泰安市、随州市、梅州市、钦州市、信阳市、忻州市、莆田市、襄阳市、咸宁市、周口市、酒泉市、吉安市、赣州市、白城市、邵阳市、漯河市、达州市、巴彦淖尔市、佳木斯市、宣城市、崇左市、伊春市、茂名市、常德市、眉山市、玉林市、孝感市、天水市、贵港市、揭阳市、永州市、昭通市、咸阳市、益阳市、宿州市、张家界市、广安市、临沧市、平凉市、固原市、安康市、自贡市、汉中市、宜春市、武威市、南充市、阜阳市、内江市、抚州市、遂宁市、保山市、渭南市、资阳市、巴中市、亳州市、绥化市、六安市、陇南市、河池市、商洛市、定西市

---

① 说明：本课题地级及以上城市碳排放数据计算方法请参阅本书的附件部分。

强度分类	城市
碳排放空间中等	湖州市、河源市、南通市、潍坊市、濮阳市、吉林市、辽阳市、郑州市、清远市、开封市、韶关市、新乡市、葫芦岛市、平顶山市、贵阳市、临沂市、九江市、株洲市、芜湖市、乐山市、兰州市、肇庆市、岳阳市、松原市、邢台市、荆门市、滨州市、徐州市、德州市、台州市、鹤壁市、福州市、三门峡市、鄂州市、宜昌市、呼和浩特市、青岛市、石家庄市、南阳市、合肥市、锦州市、安庆市、驻马店市、金华市、济南市、威海市、晋中市、阜新市、郴州市、曲靖市、南昌市、长治市、吴忠市、舟山市、德阳市、鹤岗市、上饶市、扬州市、泰州市、沈阳市、七台河市、商丘市、池州市、乌兰察布市、晋城市、萍乡市、丽江市、通化市、大同市、长沙市、双鸭山市、丽水市、怀化市、赤峰市、成都市、铜川市、汕尾市、云浮市、西安市、潮州市、连云港市、鸡西市、滁州市、四平市、聊城市、呼伦贝尔市、朝阳市、菏泽市、辽源市
碳排放空间近零	玉溪市、淄博市、廊坊市、邯郸市、通辽市、南平市、新余市、济宁市、北京市、莱芜市、大连市、温州市、盘锦市、张家口市、秦皇岛市、衢州市、朔州市、江门市、六盘水市、保定市、黄石市、衡水市、鄂尔多斯市、武汉市、泉州市、承德市、防城港市、抚顺市、太原市、银川市、阳江市、南京市、乌鲁木齐市、柳州市、衡阳市、许昌市、烟台市
碳排放空间缩减	嘉峪关市、榆林市、东莞市、乌海市、金昌市、石嘴山市、中卫市、深圳市、东营市、攀枝花市、包头市、唐山市、中山市、苏州市、三明市、白银市、马鞍山市、焦作市、大庆市、佛山市、安阳市、宁波市、沧州市、克拉玛依市、娄底市、铜陵市、本溪市、龙岩市、常州市、珠海市、惠州市、嘉兴市、绍兴市、营口市、百色市、无锡市、湘潭市、阳泉市、鞍山市、杭州市、广州市、上海市、镇江市、厦门市、漳州市、天津市、日照市、洛阳市

2. 基于单位 GDP 碳排放效率的城市分类

碳排放效率能够反映同等碳排放投入规模下不同的产出水平（例如地区生产总值规模），即同样的碳排放量，在碳排放效率高的城市会获得更多产出，相反，在碳排放效率低的城市获得的产出则较少。因此，以全国 2030 年碳排放峰值为倒推，要在 2030 年获得更多的产出，就应让碳排放效率高的城市从事更多涉碳活动，相比之下，碳排放效率低的城市则尽可能减少碳排量。

按照 2014 年全国碳排放 83.48 亿 t，国家统计局最终核定的 GDP 规模 635910 亿元，测算得到 2014 年国家碳排放效率值为 1.47t/ 万元；根据课题组计算得到各城市加总的国家碳排放效率值为 0.65t/ 万元。这样，全国实际碳排放效率值是课题组效率值的 2.26 倍，将 2.26 作为弹性系数，对各城市碳排放效率值进行调整后，得到 2014 年供分类的各城市碳排放效率。对标全国碳排放效率进行分类：小于或等于 1.47t/ 万元的城市为碳排放效率高的城市；大于 1.47t/ 万元的城市为碳排放效率低的城市（表 2-4）。其中，四平市的碳排放效率最高为 0.18t/ 万元；东营市、防城港市和宿迁市碳排放效率与全国平均水平一样为 1.47t/ 万元；碳排放效率最低的 10 个城市有：榆林市、嘉峪关市、中卫市、东莞市、石嘴山市、安阳市、金昌市、焦作市、白银市和乌海市，碳效率分别为 15.86t/ 万元、12.70t/ 万元、12.27t/ 万元、7.65t/ 万元、6.57t/ 万元、5.75t/ 万元、5.74t/ 万元、5.64t/ 万元、4.45t/ 万元和 4.41t/ 万元。

基于碳排放效率的城市分类　　　　　　　　　　表 2-4

分类	城市
碳排放效率高（高于全国平均水平）	四平市、资阳市、河池市、咸阳市、常德市、商洛市、自贡市、绥化市、渭南市、长沙市、定西市、长春市、襄阳市、内江市、鹰潭市、汉中市、抚州市、盐城市、莆田市、张家界市、益阳市、六安市、威海市、南宁市、朔州市、遂宁市、巴彦淖尔市、佳木斯市、青岛市、扬州市、茂名市、陇南市、景德镇市、揭阳市、宝鸡市、鄂尔多斯市、成都市、烟台市、呼伦贝尔市、随州市、哈尔滨市、辽源市、南充市、昆明市、亳州市、永州市、泰安市、沈阳市、济南市、保山市、呼和浩特市、泰州市、眉山市、武威市、黄山市、大庆市、广安市、漯河市、舟山市、南昌市、酒泉市、宜宾市、淮安市、咸宁市、大连市、梧州市、钦州市、通化市、赣州市、宜昌市、枣庄市、白山市、崇左市、黄冈市、淮北市、西安市、九江市、合肥市、玉林市、重庆市、阳泉市、武汉市、徐州市、十堰市、南京市、福州市、绵阳市、巴中市、安康市、柳州市、宁德市、阜阳市、宿州市、邵阳市、蚌埠市、岳阳市、盘锦市、白城市、桂林市、吉安市、庆阳市、曲靖市、玉溪市、临沧市、梅州市、平凉市、昭通市、温州市、泸州市、株洲市、松原市、孝感市、萍乡市、芜湖市、宜春市、信阳市、郴州市、丽水市、南通市、淄博市、宣城市、锦州市、天水市、广州市、延安市、固原市、赤峰市、北京市、连云港市、德阳市、台州市、遵义市、丽江市、滁州市、镇江市、贵港市、泉州市、鄂州市、荆门市、克拉玛依市、东营市、防城港市、宿迁市
碳排放效率低（低于全国平均水平）	荆州市、吉林市、石家庄市、德州市、滨州市、天津市、杭州市、金华市、淮南市、齐齐哈尔市、安庆市、无锡市、肇庆市、牡丹江市、乌兰察布市、郑州市、张掖市、周口市、普洱市、铁岭市、晋城市、铜陵市、大同市、新余市、珠海市、乌鲁木齐市、达州市、怀化市、兰州市、上海市、汕尾市、汕头市、湖州市、长治市、潍坊市、宁波市、日照市、绍兴市、常州市、太原市、铜川市、辽阳市、三门峡市、黄石市、伊春市、聊城市、贵阳市、抚顺市、阜新市、上饶市、潮州市、菏泽市、秦皇岛市、鹤壁市、厦门市、银川市、包头市、湘潭市、新乡市、运城市、池州市、临沂市、河源市、济宁市、朝阳市、衡阳市、雅安市、苏州市、江门市、营口市、通辽市、韶关市、濮阳市、忻州市、来宾市、广元市、漳州市、阳江市、六盘水市、吕梁市、乐山市、沧州市、丹东市、佛山市、衢州市、鞍山市、吴忠市、许昌市、龙岩市、惠州市、南平市、安顺市、廊坊市、深圳市、洛阳市、平顶山市、南阳市、临汾市、晋中市、贺州市、莱芜市、清远市、马鞍山市、保定市、衡水市、驻马店市、嘉兴市、唐山市、三明市、七台河市、云浮市、承德市、双鸭山市、葫芦岛市、本溪市、中山市、邯郸市、张家口市、娄底市、鹤岗市、开封市、邢台市、攀枝花市、鸡西市、商丘市、百色市、乌海市、白银市、焦作市、金昌市、安阳市、石嘴山市、东莞市、中卫市、嘉峪关市、榆林市

3. 基于气温带固碳能力的城市分类

　　根据碳排放关系模型可知，固碳能力大小决定着能够吸收碳的规模大小。其中，森林、湿地等生态系统具有较好的碳吸收能力。因此，目前有不少研究在探讨森林覆盖率、气温带对碳汇能力的影响。其中，我国学者刘迎春等（2015）[①] 研究发现，采用碳密度—气候关系模型、反距离插值法及局部薄盘样条插值法，获得并统计分析了中国的森林碳容量，结合中国第六次森林资源清查数据，可以评估中国森林固碳潜力，结果发现中国成熟林碳密度与气温、降水和林龄呈正相关，亚热带森林是我国森林碳容量和固碳潜力最大的生态区。

---

① 刘迎春等 . 基于成熟林生物量整合分析中国森林碳容量和固碳潜力 [J]. 中国科学，2015，45（2）：210-222.

这里，把不同城市按照暖温带、亚热带和中温带进行划分，同时认为其碳容量及固碳能力依次为小、中、大（表2-5）。为简化研究，可以进一步认为亚热带地区城市碳吸收能力大、而非亚热带地区城市的碳吸收能力小。

基于气温带及其固碳能力大小的城市分类　　　　　　　　表 2-5

分类	城市
暖温带（碳容量与固碳潜力小）	北京市、天津市、石家庄市、唐山市、秦皇岛市、邯郸市、邢台市、保定市、沧州市、廊坊市、衡水市、太原市、大同市、阳泉市、长治市、晋城市、朔州市、晋中市、运城市、忻州市、临汾市、吕梁市、沈阳市、大连市、鞍山市、丹东市、锦州市、营口市、辽阳市、盘锦市、朝阳市、葫芦岛市、徐州市、连云港市、宿迁市、淮北市、阜阳市、宿州市、亳州市、济南市、青岛市、淄博市、枣庄市、东营市、烟台市、潍坊市、济宁市、泰安市、威海市、日照市、莱芜市、临沂市、德州市、聊城市、滨州市、菏泽市、郑州市、开封市、洛阳市、平顶山市、安阳市、鹤壁市、新乡市、焦作市、濮阳市、许昌市、漯河市、三门峡市、商丘市、周口市、西安市、铜川市、宝鸡市、咸阳市、渭南市、延安市、榆林市、平凉市、庆阳市、定西市、固原市、淮安市、盐城市、蚌埠市、淮南市、南阳市、信阳市、驻马店市、陇南市
中温带（碳容量与固碳潜力中等）	呼和浩特市、包头市、乌海市、赤峰市、通辽市、鄂尔多斯市、巴彦淖尔市、乌兰察布市、抚顺市、本溪市、阜新市、铁岭市、长春市、吉林市、四平市、辽源市、通化市、白山市、松原市、白城市、哈尔滨市、齐齐哈尔市、鸡西市、鹤岗市、双鸭山市、大庆市、伊春市、佳木斯市、七台河市、牡丹江市、绥化市、兰州市、嘉峪关市、金昌市、白银市、天水市、武威市、张掖市、银川市、石嘴山市、吴忠市、中卫市、乌鲁木齐市、克拉玛依市、呼伦贝尔市、张家口市、承德市、酒泉市
亚热带（碳容量与固碳潜力大）	上海市、南京市、无锡市、常州市、苏州市、南通市、扬州市、镇江市、泰州市、杭州市、宁波市、嘉兴市、湖州市、绍兴市、舟山市、合肥市、芜湖市、马鞍山市、铜陵市、安庆市、黄山市、滁州市六安市、池州市、宣城市、武汉市、黄石市、十堰市、宜昌市、襄阳市、鄂州市、荆门市、孝感市、荆州市、黄冈市、咸宁市、岳阳市、常德市、益阳市、贵阳市、六盘水市、遵义市、安顺市、汉中市、商洛市、昭通市、丽江市、安康市、金华市、九江市、绵阳市、广元市、达州市、巴中市、厦门市、莆田市、泉州市、漳州市、龙岩市、广州市、深圳市、珠海市、汕头市、佛山市、江门市、茂名市、肇庆市、惠州市、梅州市、汕尾市、河源市、阳江市、东莞市、中山市、潮州市、揭阳市、云浮市、南宁市、梧州市、防城港市、钦州市、贵港市、玉林市、百色市、贺州市、来宾市、崇左市、玉溪市、保山市、普洱市、临沧市、温州市、衢州市、台州市、丽水市、南平市、宁德市、南昌市、景德镇市、萍乡市、新余市、鹰潭市、赣州市、吉安市、宜春市、抚州市、上饶市、长沙市、株洲市、湘潭市、衡阳市、邵阳市、张家界市、郴州市、永州市、怀化市、娄底市、重庆市、成都市、自贡市、攀枝花市、泸州市、德阳市、遂宁市、内江市、乐山市、南充市、眉山市、宜宾市、广安市、雅安市、资阳市、昆明市、曲靖市、福州市、三明市、韶关市、清远市、柳州市、桂林市、河池市

（三）中国碳区划"3+1"类型

以碳排放强度划分的四类型（碳排放强度空间尚大、中等、近零和削减）为基础条件，以碳排放效率的两类型（高碳排放效率和低碳排放效率）、气温带的两类型（亚热带和非亚热带）为补充条件，将全国地级及以上城市进行碳排放潜力划分为碳排放潜力地区、碳排放次潜力地区、碳排放缩减地区 3 个碳排放主体类型区；与此同时，考虑到不同城市的碳强度、碳效率以及固碳能力是在动态变化的,为此设计一类碳区划的不稳定地区,即理论上碳排放潜力地区可能成为次潜力地区或缩减地区,碳排放次潜力地区可能成为碳排放潜力地区或缩减地区,碳排放削减地区可能演变为潜力地区或次潜力地区。

综合因子的中国碳区划方案   表2-6

分类	本底条件	补充条件	输出结果
碳排放潜力地区	碳排放强度空间大的城市	无	宿迁市、临汾市、延安市、丹东市、长春市、安顺市、广元市、齐齐哈尔市、蚌埠市、梧州市、绵阳市、遵义市、景德镇市、重庆市、南宁市、昆明市、宁德市、雅安市、荆州市、贺州市、哈尔滨市、白山市、十堰市、运城市、桂林市、来宾市、铁岭市、普洱市、泸州市、汕头市、鹰潭市、淮北市、庆阳市、淮安市、牡丹江市、宝鸡市、淮南市、黄冈市、吕梁市、枣庄市、宜宾市、张掖市、黄山市、盐城市、泰安市、随州市、梅州市、钦州市、信阳市、忻州市、莆田市、襄阳市、咸宁市、周口市、酒泉市、吉安市、赣州市、白城市、邵阳市、漯河市、达州市、巴彦淖尔市、佳木斯市、宣城市、崇左市、伊春市、茂名市、常德市、眉山市、玉林市、孝感市、天水市、贵港市、揭阳市、永州市、昭通市、咸阳市、益阳市、宿州市、张家界市、广安市、临沧市、平凉市、固原市、安康市、自贡市、汉中市、宜春市、武威市、南充市、阜阳市、内江市、抚州市、遂宁市、保山市、渭南市、资阳市、巴中市、亳州市、绥化市、六安市、陇南市、河池市、商洛市、定西市
	碳排放强度空间中等	碳排放效率高且亚热带城市	南通市、九江市、株洲市、芜湖市、岳阳市、荆门市、台州市、福州市、鄂州市、宜昌市、合肥市、郴州市、曲靖市、南昌市、舟山市、德阳市、扬州市、泰州市、萍乡市、丽江市、长沙市、丽水市、成都市、滁州市
碳排放次潜力地区	碳排放强度空间中等	碳排放效率高或亚热带城市	湖州市、河源市、清远市、韶关市、贵阳市、乐山市、肇庆市、松原市、徐州市、呼和浩特市、青岛市、锦州市、安庆市、金华市、济南市、威海市、上饶市、沈阳市、池州市、通化市、怀化市、赤峰市、汕尾市、云浮市、西安市、潮州市、连云港市、四平市、呼伦贝尔市、辽源市
	碳排放空间近零	碳排放效率高且亚热带地区	玉溪市、温州市、武汉市、泉州市、防城港市、南京市、柳州市
碳排放削减地区	碳排放强度空间中等	碳排放效率低且非亚热带地区	潍坊市、濮阳市、吉林市、辽阳市、郑州市、开封市、新乡市、葫芦岛市、平顶山市、临沂市、兰州市、邢台市、滨州市、德州市、鹤壁市、三门峡市、石家庄市、南阳市、驻马店市、晋中市、阜新市、长治市、吴忠市、鹤岗市、七台河市、商丘市、乌兰察布市、晋城市、大同市、双鸭山市、铜川市、鸡西市、聊城市、朝阳市、菏泽市
	碳排放空间近零	碳排放效率低且非亚热带城市	廊坊市、邯郸市、通辽市、济宁市、莱芜市、张家口市、秦皇岛市、保定市、衡水市、承德市、抚顺市、太原市、银川市、乌鲁木齐市、许昌市
		—	淄博市、南平市、新余市、北京市、大连市、盘锦市、衢州市、朔州市、江门市、六盘水市、黄石市、鄂尔多斯市、阳江市、衡阳市、烟台市

续表

分类	本底条件	补充条件	输出结果
碳排放削减地区	碳排放空间需缩减	无	嘉峪关市、榆林市、东莞市、乌海市、金昌市、石嘴山市、中卫市、深圳市、东营市、攀枝花市、包头市、唐山市、中山市、苏州市、三明市、白银市、马鞍山市、焦作市、大庆市、佛山市、安阳市、宁波市、沧州市、克拉玛依市、娄底市、铜陵市、本溪市、龙岩市、常州市、珠海市、惠州市、嘉兴市、绍兴市、营口市、百色市、无锡市、湘潭市、阳泉市、鞍山市、杭州市、广州市、上海市、镇江市、厦门市、漳州市、天津市、日照市、洛阳市
碳排放潜力不稳定地区	碳排放强度空间大、中等、近零、缩减类城市	条件变化导致从原类型碳区演变成新碳区	—

说明：通过以上方法分类，碳排放强度尚大地区、中等地区和缩减类城市均一一被归类到不同的碳区划中。其中，碳排放空间近零类型城市中还剩余：淄博市、南平市、新余市、北京市、大连市、盘锦市、衢州市、朔州市、江门市、六盘水市、黄石市、鄂尔多斯市、阳江市、衡阳市、烟台市。考虑低碳导向的城镇化战略取向，将这些城市归类到碳排放缩减地区。

四、基于碳区划的低碳城镇化政策含义

对国土面积进行基于城市视角的碳区划划分，促进我国气候变化战略与新型城镇化战略有机融合，对于深入推进我国低碳城镇化战略具有现实的政策意义。

（一）根据碳排空间类型精准识别城市碳排目标

根据碳排放关系模型可知，城镇化过程中碳排放规模、强度的大小涉及经济发水平、碳排放权益等问题，其中，碳容忍度能充分反映碳排放的价值取向，即在追求经济发展、人的发展基础之上积极推动低碳城镇化的模式。碳区划可以对全国不同城市碳排放的容忍度与承载能力进行分类，这为2030年我国碳排放的总体目标的城市分解提供了基础客观依据（图2-3）。这样，对于碳排放潜力地区、次潜力地区和削减地区的地级及以上城市，可以进一步根据碳排放潜力空间的度量，制定具体量化的碳排规模和碳排放权益目标。

（二）促进城镇化政策与气候变化政策互动融合

在国家新型城镇化战略和气候变化战略框架下，国家相关部门已经分别和正在不断制定、完善相应的城镇化、气候变化政策。在新型城镇化方面，国家出台了《国家新型城镇化规划（2014—2020年）》，明确了新型城镇化的主要任务和对策措施等。在应对气候变化方面，制定了《国家应对气候变化规划（2014-2020年）》，此外截至2017年2月，低碳试点工作已经开展三批

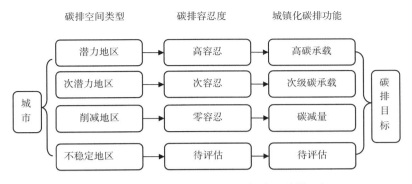

图 2-3　碳区划基础上的 2030 年中国碳排目标

试点（表 2-7）。其中，随着低碳城市试点工作的推进，城镇化与气候变化政策已经得到了较好的融合。在碳区划研究的基础上，可以进一步推动新型城镇政策与气候变化政策的互动融合，为推动低碳城镇化及制定低碳城镇化政策提供重要依据。①

国家应对气候变化的重要事件与政策		表 2-7
年份	主要政策措施	重要意义或作用
1998	中国国家气候变化对策协调小组①	标志从国家战略层面，对应对气候变化、促进低碳发展的高度重视及推进决心
2002	国家发展改革委应对气候变化司主办、国家信息中心中经网制作维护的中国第一个《中国气候变化信息网》投入使用	宣传中国政府在气候变化方面的相关政策以及研究成果，在国际社会树立我国保护全球气候的形象；促进气候变化知识的普及和公众意识的提高
2004	国家发展改革委发布了中国第一个《节能中长期专项规划》	中国中长期节能工作的指导性文件和节能项目建设的重要依据
2005	全国人大常委会审议通过《中华人民共和国可再生能源法》	明确了政府、企业和用户在可再生能源开发利用中的责任和义务，提出了包括总量目标制度、发电并网制度、价格管理制度、费用分摊制度、专项资金制度、税收优惠制度等一系列政策和措施
2007	国务院总理温家宝牵头成立国家气候变化及节能减排工作领导小组；国家发展改革委制定《中国应对气候变化国家方案》	标志着中国已经建立了较为完善的应对气候变化的政策体系

---

① 1990 年，中国政府在当时的国务院环境保护委员会下设立了国家气候变化协调小组，由当时的国务委员宋健同志担任组长，协调小组办公室设在原国家气象局。1998 年，在中央国家机关机构改革过程中，设立了国家气候变化对策协调小组，由国家发展计划委员会原主任曾培炎同志任组长。小组由国家发展计划委员会牵头，成员由当时的国家发展计划委员会、国家经贸部、科技部、国家气象局、国家环保总局、外交部、财政部、建设部、交通部、水资源部、农业部、国家林业局、中国科学院以及国家海洋局等部门组成，其日常工作由国家气候变化对策协调小组办公室负责。

続表

年份	主要政策措施	重要意义或作用
2008	国家发展改革委《中国应对气候变化的政策与行动白皮书》首次发布，此后连年发布	梳理中国应对气候变化的各项政策措施、具体行动及其成效，为下一步低碳发展提供基础和经验
2009	《全国人大常委会关于积极应对气候变化的决议》发布	我国最高国家权力机关首次专门就应对气候变化这一全球性重大问题做出决议
2010	国家发展改革委公布《关于开展低碳省区和低碳城市试点工作的通知》	标志着中国低碳发展迈出重要步伐；有利于充分调动各方积极性、积累对不同地区和行业分类指导的工作经验，是推动落实我国控制温室气体排放行动目标的重要抓手
2010	《中国低碳年鉴》（2010）作为首部大型低碳典籍公开出版，此后连年发布	记载我国低碳发展的历程和实际状况，包括低碳发展的法律法规、政策文件、领导讲话、重大事件、统计数据、地方和行业低碳实践等
2012	国家发展改革委印发关于开展第二批国家低碳省区和低碳城市试点工作的通知	在"十八大"生态文明建设战略要求下，进一步扩大我国低碳试点范围
2014	国家发展改革委关于印发国家应对气候变化规划（2014-2020年）的通知	提出我国应对气候变化工作的指导思想、目标要求、政策导向、重点任务及保障措施，将减缓和适应气候变化要求融入经济社会发展各方面和全过程，加快构建中国特色的绿色低碳发展模式
2017	国家发展改革委印发关于开展第三批国家低碳城市试点工作的通知	确定在内蒙古自治区乌海市等45个城市（区、县）（名单）开展第三批低碳城市试点

（三）实施差别化的低碳城镇化策略

从目前我国低碳城市试点等政策试点和实践经验看，基本上是按照不同领域的低碳发展模式要求推动低碳城镇化。从国家层面看，各城市推动低碳城镇化的路径、方式大同小异，缺乏差别化的战略和政策引导。在碳区划的基础上，国家层面，可以根据碳排放的潜力大小，制定差别化的低碳城镇化策略。在新型城镇化战略和气候变化战略框架下，形成低碳城镇化战略，其中，碳排潜力地区、次潜力地区和削减地区，由于碳排放权益空间、效率大小及固碳能力存在差异，因此在推动实施低碳城镇化方面国家可以赋予差别化的策略路径（表2-8）。

3+1类城市低碳城镇化策略 表2-8

	低碳城镇化策略导向
碳排放潜力城市	给予较高规模的碳排放指标；承接或适度增加碳排放活动
碳排放次潜力城市	给予一定规模的碳排放指标；有选择地安排碳排放活动

	低碳城镇化策略导向
碳排放削减城市	下达碳排放削减目标；最大限度减少碳排放活动，例如推动高碳排放产业向外转移；尽可能增加低碳技术支持；尽可能增加碳汇能力
碳排放不稳定地区	加强碳排放因子监测评估，对碳排放潜力波动较大的城市，定期出台更加有针对性的低碳城镇化政策措施

（四）推动完善碳排放空间配额制度

在碳区划基础上，可以促进国家碳排放目标分解从省区单元向城市单元延伸。可以按照一定期限（如，年度）建立基于城市的碳排放空间配额，探索建立在市场化机制下的全国碳排放权益的交易制度，让碳排放权益空间较小的城市向碳排放权益空间大但碳排放较少的城市购买碳排放权益，让碳排放权益空间较小但有碳排放需求的城市获得碳排放配额，让碳排放权益大但碳排放较少的地区获得发展权益的市场化补偿。在构建全国基于城市的碳排放空间配额制度框架下，可以进一步研究明确推动碳排放空间配额交易的具体政策条件。

（五）引入碳区划因素完善绩效考核评价制度

基于碳区划，不同城市碳排放将有一个引导或约束范围，其中，对于碳排放潜力地区，有较大的碳排放空间；对碳排放次潜力地区，碳排放空间次之；而对于碳排放削减地区，碳排放规模只能减少，不能增加，需要加快提高碳排放效率或增加城市的固碳能力。因此，可以引入碳区划及其发展权益约束目标，完善绩效考核评价制度，对碳排放有潜力的城市可赋予更多碳排放权益，对碳排放削减地区要明确要求考核碳排放规模、碳排放强度和碳排放效率等指标。

五、政策建议

碳区划为国家深入推动新型城镇化战略和气候变化战略提供了新的政策方向，应以碳区划为基础深入推进相关重点工作，切实推动践行低碳城镇化。

（一）推动编制实施《国家碳区划规划方案（2018-2030年）》

建议国家发展改革委牵头，联合相关部门和地方，加快推动将碳区划研究从学术层面落实到政策制定层面，明确官方的碳区划方案。在碳区划方案的基础上，推动编制《国家碳区划规划方案（2018-2030年）》，明确碳区划思想、碳区划类型、不同类型碳区划的气候变化策略、保障措施等，推动应对气候变化的各项措施从不同领域层面落实到空间层面，并推动在城市层面实施落实。

（二）制定实施差别化的低碳城镇化政策

按照不同碳排放潜力地区类型，从国家层面制定完善差别化的低碳城镇化政策，促进低碳产业政策、低碳交通政策、低碳能源政策、低碳投资政策、低碳金融财政税收等政策，差别化地落地到不同城市，不仅让国家低碳政策具有城市空间载体，而且可以避免低碳政策在不同城市的"一刀切"问题，尽可能减少国土开发与低碳城镇化的盲目性、无序性。此外，设置碳排放不稳定地区这一类型，还为增强中央和地方在推动低碳城镇化的积极性方面提供了调控空间。

（三）研究构建基于碳区划的国家低碳城镇体系

基于地级及以上城市的碳区划，可以发现存在不同类型碳区空间连片性和离散性并存的特征，与全国人口、经济发展水平的地理特征进行对比，同时对照全国城镇体系规划中关于中心城市、城市群等的分布定位，可以进一步研究构建基于碳区划的国家低碳城镇体系。在以城市群为城镇化主体形态的基础上，明确细化国家在推动低碳城镇化进程中碳排放的城市空间分布与功能定位，反过来进一步引导我国中长期生产力布局、人口发展与流动的空间规划和引导方向。

（四）以碳排放强度为基准增加城市碳排效率与碳汇能力

以人均碳排放指标测度的碳排放强度能够较好地反映了人口碳排放权益。因此，以碳排放权益均等化为基准，在推动各城市低碳发展过程中，应以增加碳排放效率和碳汇能力为减排工作的着力点。根据碳排放关系模型知道，提高碳排放效率就是要增加低碳技术投入、提高低碳意识，推动生产活动和生活活动低碳化，促进尽可能少的碳排放投入获得更多的产出；增强碳汇能力，既要增强对生产和生活过程中排放碳的捕捉能力，也要增加森林、湿地等具有较强碳吸收能力的生态系统建设。从理论上，增加碳排放效率和碳汇能力应无止境，也应成为增强城市碳排潜力空间的重要路径。

（五）加强碳排放潜力的动态评估

由于在城镇化进程中，不同城市受经济发展水平、外部条件等综合因素变化影响，碳排放规模、碳排放强度、碳排放效率、固碳能力都处于动态过程中，对基期碳数值测度的城市碳排放潜力只代表基期状态，为此，需要加强城市碳排放潜力的动态监测评估，其中特别是要在全国选择一批重点监控城市进行不定期的碳排放监测评估，动态调整其碳区划类型归属，为政策调控提供依据和空间。

参考文献

[1] 程叶青等，中国能源消费碳排放强度及其影响因素的空间计量 [J]. 地理学报，2013，10.

[2] 董锋等. 我国碳排放区域差异性分析 [J]. 长江流域资源与环境，2014，11.

[3] 邓吉祥. 中国碳排放的区域差异及演变特征分析与因素分解 [J]. 自然资源学报，2014，2.

[4] 马丁、陈文颖. 中国 2030 年碳排放峰值水平及达峰路径研究 [J]. 中国人口·资源与环境，2016，5.

[5] 刘迎春等. 基于成熟林生物量整合分析中国森林碳容量和固碳潜力 [J]. 中国科学，2015，2.

[6] 石敏俊等. 中国各省区碳足迹与碳排放空间转 [J]. 地理学报，2012，10.

[7] 宋德勇、徐安. 中国城镇碳排放的区域差异和影响因素 [J]. 中国人口·资源与环境，2011，11.

[8] 苏泳娴. 基于 DMSP/OLS 夜间灯光数据的中国能源消费碳排放研究 [D]. 中国科学院大学（广州地球化学研究所），2015.

[9] 易富贤、苏剑. 从单独二孩实践看生育意愿和人口政策——2015—2080 年中国人口形势展望 [J]. 中国发展观察，2014，12.

[10] 郑长德、刘帅. 基于空间计量经济学的碳排放与经济增长分析 [J]. 中国人口资源环境，2011，5.

[11] 赵云泰等. 1999 ～ 2007 年中国能源消费碳排放强度空间演变特征 [J]. 环境科学，2011，11.

[12] 张建民. 2030 年中国实现二氧化碳排放峰值战略措施研究 [J]. 能源研究与利用，2016，6.

第三章　基于低碳视角全国城镇体系布局优化

城镇体系布局对于全国碳排放具有一定影响。本章利用 IPAT 模型对城镇体系的碳排放影响进行量化，通过分温度带的计量回归分析，发现在同等条件下，暖温带、亚热带，以及经济发展水平较高区域人口增长所引起的碳排放量相对较低，应适当引导人口向这些区域集聚。

一、城镇体系碳排放测算方法选择

城镇化对碳排放的影响因素较多，作用机制也非常复杂。这些影响涉及人口、发展程度、技术、空间、自然气候等诸多方面，作用的强弱也随着时间的变化而变化。在此，有必要选用关键变量对其进行研究。由于城镇体系对于碳排放的作用影响非常复杂。本书采用 IPAT 模型以及其延伸的 STIRPAT 模型对城镇的碳排放影响进行量化。

IPAT 模型是学术界广为接受的经济社会发展对自然环境影响的认知框架。即，经济社会发展对自然环境的影响（Impact）与人口规模（Population）、富裕程度（Affluence）、技术水平（Technology）紧密相关。人口的增长必然对资源予以攫取，对环境有所破坏；富裕程度又可以理解为经济社会发展阶段，影响着人类对自然攫取和破坏程度；技术水平同样影响着人类作用程度。除了上述影响因素外，学者们对其他因素作用的研究不胜枚举。以碳排放影响为例，城市化、投资、人力资本、居民消费率、产业结构变化、贸易等因素均作为影响因素予以研究（罗梅罗 - 兰考等，2015；赵红和陈雨蒙，2013；王小斌和邵燕斐，2014；刘晔、刘丹和张林秀，2016）。事实上，上述因素均与 PAT 密切相关。以城市化为例，城镇人口占总人口的比例反映的是社会发展阶段，而社会发展阶段与经济发展进程息息相关，即，城镇化率与富裕程度具有紧密关联。同样，产业结构、消费率、人力资本、投资、贸易等均受经济发展阶段影响，与技术水平、人口规模也具有紧密联系。近年来，关于 IPAT 模型的运用非常广泛。如研究本地消费和生产的碳排放（Wood 等，2014）、经济增长对自然灾害的影响（Choi，2016）、经济发展与水资源利用（Rosa、Vicente 和 Ana，2014）、能源服务业对碳减排的作用（Fang 和 Miller，2013）、利用改进模型研究技术的影响（McGee、Clement 和 Besek，2015）等。

（一）方法及模型

由 Ehrlich 和 Holdren（1971、1974）提出，Commoner（1972）等学者参与贡献的 IPAT 模型一般形式如下：

$$I = PAT \tag{3-1}$$

其中，I 表示环境影响，在此可用碳排放量表示；P 表示人口规模；A 表示富裕程度，在此可用人均 GDP 表示；T 表示技术水平，在此可用能源效率，即单位能耗 GDP 表示。

为改进模型中自变量和因变量的等比例影响，Dietz 和 Rosa（1994）提出了 STIRPAT 模型，其形式如下：

$$I = a\,P^b A^c T^d \mu \tag{3-2}$$

其中，a 是常数项；指数 b、c、d 为常数项待估参数，分别表示人口规模、富裕程度、技术水平对环境的影响大小；μ 为随机扰动项；I、P、A、T 所代表的含义同式（3-1）。

在经济社会发展状态相同的前提下，不同自然气候条件对碳排放的影响较大。例如，在温度适宜地区，无论是从生活还是生产方面其耗能普遍会与高寒高温地区存差异。考虑到气候空间对于城镇碳排放的作用较大，在此，除对所有城市做上述计量回归分析外，将城市进一步分为亚热带、暖温带、中温带，分别进行计量回归，分析其中的差异。

为消除异方差等因素的影响，对各变量进行取自然对数处理，由此所建立的计量模型如下所示：

$$
\begin{aligned}
LNC_{i,\,t} &= \alpha_{i,\,t} + \beta 1_{i,\,t} LNP_{i,\,t} + \beta 2_{i,\,t} LNP^2_{i,\,t} + \beta 3_{i,\,t} LNGDP_{i,\,t} + \beta 4_{i,\,t} LNGDP^2_{i,\,t} \\
&\quad + \beta 5_{i,\,t} LNE_{i,\,t} + \beta 6_{i,\,t} LNE^2_{i,\,t} + \varepsilon_{i,\,t}
\end{aligned}
\tag{3-3}
$$

其中，LNC 表示碳排放量，LNP 表示人口数，$LNGDP$ 表示人均 GDP，LNE 表示能源效率。

（二）数据及处理

人口、人均 GDP 数据直接选用城市统计年鉴的"总人口""人均 GDP"项。碳排放量和能耗数据计算方式参照《中国新型城市化报告 2010》进行处理，基础数据来自《中国城市统计年鉴》。由于数据可获取性的原因，在此选用地级及以上城市数据。本报告所有基础数据来源于《中国城市统计年鉴 2004-2015》，为 2003 ～ 2014 年时间段的数据。2014 年，全国地级及以上城市 292 个。2014 年，日喀则、昌都撤地设市；2013 年，海东撤地设市；2012 年，三沙市建立；2011 年，底毕节、铜仁撤地设市；《中国城市统计年鉴》没有之前相应数据统计。另外，拉萨市数据空缺太多。在此，为保证数据完整性和统计口径一致性，剔除上述城市，研究的城市数目为 285 个。另外，我国城市所处的温度带有：

暖温带、暖温带—北亚热带、中温带、中温带—暖温带、中温带—寒温带、中亚热带—南亚热带、中亚热带、南亚热带、北亚热带—中亚热带、北亚热带、高原温带、寒温带、热等 13 类（附录 1）。其中，高原温带仅有西宁，寒温带仅有黑河，热带仅有湛江、北海、海口、三亚。城市数目较少，计量分析条件不足。在此，进一步剔除上述城市数据。综上，本报告中研究的城市数目为 279 个。

关于温度带的研究，为进一步简化，将其归为三类，分别是：亚热带、暖温带、中温带。相应类别如下：亚热带包括中亚热带—南亚热带、中亚热带、南亚热带、北亚热带—中亚热带、北亚热带；暖温带包括暖温带、暖温带—北亚热带；中温带包括中温带、中温带—暖温带、中温带—寒温带。各温度带样本数据见表 3-1。

样本数据的温度带划分统计　　　　　　　表 3-1

亚热带		暖温带		中温带	
城市数目（个）	城市占比（%）	城市数目（个）	城市占比（%）	城市数目（个）	城市占比（%）
142	50.9	89	31.9	48	17.2

二、城镇体系碳排放测算的分析过程

利用收集到的 279 个样本城市 2003 ～ 2014 年相关变量数据，运用 EVIEWS 软件，采用面板数据分析方法，通过所建立的模型，对全样本以及亚热带、暖温带、中温带样本的情况进行估计分析。

（一）平稳性检验

首先进行变量的平稳性检验，以判断是否可以直接采用数据进行回归分析。采用 LLC 检验法和 ADF-Fisher 检验对各变量进行检验，得到的检验结果分别如表 3-2 ～ 表 3-5 所示。

全样本模型的变量平稳性检验　　　　　　　表 3-2

变量	LLC 检验		ADF-Fisher 检验	
	Statistic	Prob.	Statistic	Prob.
LNC	−25.5387***	0.0000	782.755***	0.0000
LNP	−176.262***	0.0000	760.930***	0.0000
$LNGDP$	−21.2935***	0.0000	879.321***	0.0000
LNE	−34.2969***	0.0000	979.569***	0.0000

注：***表示在1%显著水平下是平稳的。

亚热带模型的变量平稳性检验				表 3-3
变量	LLC 检验		ADF-Fisher 检验	
	Statistic	Prob.	Statistic	Prob.
LNC	−19.2681***	0.0000	412.826***	0.0000
LNP	−117.888***	0.0000	438.964***	0.0000
LNGDP	−17.4280***	0.0000	471.997***	0.0000
LNE	−28.1914***	0.0000	560.799***	0.0000

注：***表示在1%显著水平下是平稳的。

暖温带模型的变量平稳性检验				表 3-4
变量	LLC 检验		ADF-Fisher 检验	
	Statistic	Prob.	Statistic	Prob.
LNC	−9.69068***	0.0000	205.294*	0.0787
LNP	−134.676***	0.0000	204.416*	0.0852
LNGDP	−11.4897***	0.0000	287.577***	0.0000
LNE	−12.0900***	0.0000	247.831***	0.0004

注：*、***分别表示在10%、1%显著水平下是平稳的。

中温带模型的变量平稳性检验				表 3-5
变量	LLC 检验		ADF-Fisher 检验	
	Statistic	Prob.	Statistic	Prob.
LNC	−14.0859***	0.0000	164.635***	0.0000
LNP	−1.85365**	0.0319	117.549*	0.0669
LNGDP	−6.41051***	0.0000	119.747*	0.0508
LNE	−16.4686***	0.0000	170.940***	0.0000

注：*、**、***分别表示在10%、5%、1%显著水平下是平稳的。

从以上检验结果能够看出，无论对于全样本，还是亚热带、暖温带、中温带样本，*LNC*、*LNP*、*LNGDP*、*LNE* 都是平稳的面板序列。因此，可以直接进行回归分析。

（二）模型形式选择

本研究通过 HAUSMAN 检验确定面板回归分析所采用的模型形式。该检验的原假设模型为随机效应模型形式，备选假设为固定效应模型形式。若拒绝原假设，则说明应该采用固定效应模型，否则就采用随机效应模型。

利用 EVIEWS 软件，分别对全样本以及亚热带、暖温带、中温带样本进行模型形式选择，得到的检验结果如表 3-6 ~ 表 3-9 所示。

全样本模型的 HAUSMAN 检验结果			表 3-6
Test Summary	Chi-Sq. Statistic	Chi-Sq. d.f.	Prob.
Cross-section random	157.967695	6	0.0000

亚热带样本模型的 HAUSMAN 检验结果			表 3-7
Test Summary	Chi-Sq. Statistic	Chi-Sq. d.f.	Prob.
Cross-section random	124.808507	6	0.0000

暖温带样本模型的 HAUSMAN 检验结果			表 3-8
Test Summary	Chi-Sq. Statistic	Chi-Sq. d.f.	Prob.
Cross-section random	21.422783	6	0.0015

中温带样本模型的 HAUSMAN 检验结果			表 3-9
Test Summary	Chi-Sq. Statistic	Chi-Sq. d.f.	Prob.
Cross-section random	91.194492	6	0.0000

从以上检验结果能够看出，对于全样本、亚热带、暖温带、中温带，其 HAUSMAN 检验的 P 值均小于 0.05。故在 5% 显著水平下应该拒绝模型为随机效应模型的假设。因此，全样本模型应采用固定效应模型形式。

（三）回归分析

利用 EVIEWS 软件，分别针对全样本、亚热带、暖温带、中温带进行回归分析。

1. 全样本分析

选择固定效应模型形式，对全样本进行回归分析，结果如表 3-10 所示。

全样本估计结果				表 3-10
Variable	Coefficient	Std. Error	t-Statistic	Prob.
LNP	1.036551***	0.104811	9.889678	0.0000
LNP2	−0.032097***	0.011113	−2.888394	0.0039
LNGDP	0.895830***	0.058200	15.39218	0.0000
LNGDP2	−0.017633***	0.002842	−6.203354	0.0000
LNE	−0.928524***	0.006551	−141.7356	0.0000
LNE2	−0.021174***	0.003546	−5.971355	0.0000
C	3.071001***	0.383187	8.014369	0.0000

74

Variable	Coefficient	Std. Error	t-Statistic	Prob.
R-squared	0.993367	Mean dependent var		14.62523
Adjusted R-squared	0.992726	S.D. dependent var		1.254186
S.E. of regression	0.106967	Akaike info criterion		−1.548340
Sum squared resid	34.92068	Schwarz criterion		−1.007608
Log likelihood	2887.921	Hannan−Quinn criter.		−1.354923
F-statistic	1549.421	Durbin−Watson stat		1.464520
Prob（F-statistic）	0.000000			

注：***表示系数在1%水平下显著。

从以上估计结果可知，模型估计的 R 方为 0.993367，拟合优度较高。F 统计量相应的 P 值为 0，小于 0.01，故模型估计是显著的。同时，各变量的估计系数在 1% 水平下也都是显著的，这说明，人口数、人均 GDP、能源效率对碳排放量都存在着显著的影响。具体来看：

（1）LNP 的估计系数大于 0，而 LNP2 的估计系数小于 0。这说明碳排放量先随着人口的增长而增加，当人口增长到一定程度后，碳排放量会随着人口的增长而下降，呈现"倒 U"形关系。

（2）LNGDP 的估计系数大于 0，而 LNGDP2 的估计系数小于 0。这说明碳排放量先随着人均 GDP 的增长而增加，当人均 GDP 增长到一定程度后，碳排放量会随着人均 GDP 的增长而下降，也呈现"倒 U"形关系。

（3）LNE 的估计系数小于 0，LNE2 的估计系数也小于 0。故能源效率对碳排放量存在显著的负向影响。能源效率越高，碳排放量会越低。

2. 亚热带样本分析

选择固定效应模型形式，对亚热带样本进行回归分析，得到的结果如表 3-11 所示。

亚热带样本估计结果　　　　　　　　　　　　　　表 3-11

Variable	Coefficient	Std. Error	t-Statistic	Prob.
LNP	0.759490***	0.123684	6.140559	0.0000
LNP2	−0.011342	0.012982	−0.873678	0.3824
LNGDP	0.785206***	0.074913	10.48152	0.0000
LNGDP2	−0.020404***	0.003717	−5.489376	0.0000
LNE	−0.896657***	0.008806	−101.8211	0.0000

Variable	Coefficient	Std. Error	t-Statistic	Prob.
LNE2	−0.014241**	0.005990	−2.377279	0.0176
C	5.342395***	0.472997	11.29478	0.0000
R-squared	0.994915	Mean dependent var		14.56160
Adjusted R-squared	0.994395	S.D. dependent var		1.292580
S.E. of regression	0.096772	Akaike info criterion		−1.744243
Sum squared resid	14.46879	Schwarz criterion		−1.236569
Log likelihood	1645.095	Hannan-Quinn criter.		−1.556322
F-statistic	1913.174	Durbin-Watson stat		1.324779
Prob（F-statistic）	0.000000			

注：**、***分别表示系数在5%、1%水平下显著。

从以上估计结果可知，模型估计的 R 方为 0.994915，拟合优度较高。F
统计量相应的 P 值为 0，小于 0.01，故模型估计是显著的。同时，除 LNP2
外，其余各变量的估计系数都是显著的。这说明，亚热带地区的人口数、人均
GDP、能源效率对碳排放量都存在着显著的影响。具体来看，在亚热带，碳排
放量与人口数存在显著的正相关关系，人口越多，则碳排放量会越多；与人均
GDP 呈现"倒 U"形关系；与能源效率存在负相关关系。

3. 暖温带样本分析

选择固定效应模型形式，对暖温带样本进行回归分析，得到的结果如表3-12
所示。

暖温带样本估计结果   表 3-12

Variable	Coefficient	Std. Error	t-Statistic	Prob.
LNP	0.862636***	0.174404	4.946205	0.0000
LNP2	−0.010072	0.018639	−0.540360	0.5891
LNGDP	1.004892***	0.091659	10.96340	0.0000
LNGDP2	−0.017456***	0.004546	−3.839921	0.0001
LNE	−0.989651***	0.010949	−90.38743	0.0000
LNE2	−0.015035**	0.007112	−2.114053	0.0348
C	2.234396***	0.604120	3.698596	0.0002

Variable	Coefficient	Std. Error	t-Statistic	Prob.
R-squared	0.994726	Mean dependent var		14.79158
Adjusted R-squared	0.994150	S.D. dependent var		1.245897
S.E. of regression	0.095290	Akaike info criterion		−1.769817
Sum squared resid	8.735076	Schwarz criterion		−1.276189
Log likelihood	1051.083	Hannan-Quinn criter.		−1.582804
F-statistic	1728.031	Durbin-Watson stat		1.574470
Prob（F-statistic）	0.000000			

注：**、***分别表示系数在5%、1%水平下显著。

从以上估计结果可知，模型估计的 R 方为 0.994726，拟合优度较高。F 统计量相应的 P 值为 0，小于 0.01，故模型估计是显著的。同时，除 LNP2 外，其余各变量的估计系数都是显著的。这说明，温暖带地区的人口数、人均 GDP、能源效率对碳排放量都存在着显著的影响。具体来看，在暖温带，碳排放量与人口数存在显著的正相关关系，人口越多，则碳排放量会越多；与人均 GDP 呈现"倒 U"形关系；与能源效率存在负相关关系。

4. 中温带样本分析

选择固定效应模型形式，对中温带样本进行回归分析，得到的结果如表 3-13 所示。

中温带样本估计结果　　　　　　　　　　　　　表 3-13

Variable	Coefficient	Std. Error	t-Statistic	Prob.
LNP	2.247774***	0.408149	5.507235	0.0000
LNP2	−0.129009***	0.048083	−2.683038	0.0075
LNGDP	1.375060***	0.177210	7.759510	0.0000
LNGDP2	−0.036090***	0.008247	−4.375927	0.0000
LNE	−0.937250***	0.016009	−58.54546	0.0000
LNE2	−0.023445***	0.006034	−3.885820	0.0001
C	−3.305180**	1.287871	−2.566391	0.0106
R-squared	0.988352	Mean dependent var		14.50503
Adjusted R-squared	0.986893	S.D. dependent var		1.117782

Variable	Coefficient	Std. Error	t-Statistic	Prob.
S.E. of regression	0.127970	Akaike info criterion		−1.168090
Sum squared resid	8.368258	Schwarz criterion		−0.676516
Log likelihood	401.4100	Hannan-Quinn criter.		−0.976382
F-statistic	677.4843	Durbin-Watson stat		1.551765
Prob（F-statistic）	0.000000			

注：**、***分别表示系数在5%、1%水平下显著。

从以上估计结果可知，模型估计的 R 方为 0.988352，拟合优度较高。F 统计量相应的 P 值为 0，小于 0.01，故模型估计是显著的。同时，各变量的估计系数都是显著的。这说明，中温带地区的人口数、人均 GDP、GDP 均能耗对碳排放量都存在着显著的影响。具体来看，在中温带，碳排放量与人口数、人均 GDP 都呈现"倒 U"形关系，而与能源效率存在负相关关系。

（四）人口对碳排放影响的进一步分析

从上述估计结果可以直观看出，无论对于全样本，还是亚热带、暖温带、中温带样本，人口规模对碳排放量都存在着显著的影响。其中，全样本、中温带样本的碳排放量与人口规模表现为"倒 U"形关系，暖温带、亚热带样本的碳排放量与人口规模表现为正相关关系（表 3-14）。

碳排放量与各因素关系结果　　　　　　　　表 3-14

因素	全样本	暖温带	亚热带	中温带
人口规模	倒 U 形	正相关	正相关	倒 U 形
人均 GDP	倒 U 形	倒 U 形	倒 U 形	倒 U 形
能源效率	倒 U 形	倒 U 形	倒 U 形	倒 U 形

进一步，将系数代入模型中进行分析。可以发现，人口规模在全样本和中温带下呈现倒 U 形规律，但实际上拐点值非常高，在城市尺度下，达到的可能性不大。2014 年，我国地级及以上城市平均人口规模仅 150 万人左右。而拐点值较小的中温带，达到倒 U 顶点的值为 6073.53 万人；全样本的拐点值更是高达 1029.49 亿人。在城市有限的资源环境承载力和技术水平下，实现上述值的困难性较大。因此，在尚未达到拐点值时，自然对数形式下，全样本和中温带人口规模对碳排放量的影响以倒 U 形左侧的形式存在。即，随着人口规

模的增加，碳排放量增加，且增加速率不断降低。

　　紧接着，继续探讨不同自然气候背景下反映的具体差异。对于人口规模，不同自然气候下，其对碳排放量的影响形式不同。在暖温带和亚热带，人口增长的为正向影响，且增速不变；在全样本和中温带，人口增长的正向影响速率逐渐降低。另外，增速不变的情况下，在暖温带人口增长所引起的碳排放量要高于亚热带；增速降低的情况下，只要人口规模在 26.79 亿以内，中温带人口增长所引起的碳排放量要高于全样本（图 3-1）。

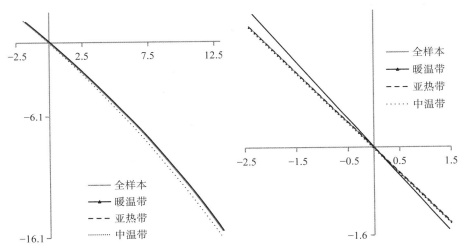

图 3-1　不同温度带下能源效率的比较 LNE ∈ [−2.5,13](左)、LNE ∈ [−2.5,1.5](右)

三、我国城镇体系碳排放的测算结果分析

（一）基于 IPAT 模型的城镇体系碳排放现状

　　根据数据测算显示，2014 年，我国地级及以上城市碳排放总量达到 19.94 亿 t。其中，亚热带城市 10.6 亿 t、暖温带城市 7.04 亿 t、中温带城市 2.3 亿 t。总人口、城市数量、碳排放总量基本呈正相关关系。2014 年，亚热带人口占地级及以上城市总人口的 53.65%、城市数量占总量的 50.90%、碳排放量占比 53.16%，基本上处于二分之一的水平；暖温带人口占比 35.47%、城市数量占比 31.90%、碳排放量占比 35.31%，基本上处于三分之一的水平；中温带人口占比 10.88%、城市数量占比 17.20%、碳排放量占比 11.53%，在六分之一左右水平。但平均水平有一定差异，从城市均人口来看，暖温带最高 167.92 万人，其次是亚热带 159.20 万人，最后是中温带 95.53；从城市均碳排放量来看，暖温带 791.13 万 t、亚热带 748.18 万 t、中温带 478.57 万 t。但从人均碳排放来看，中温带 5.02t/ 人、暖温带 4.71t/ 人、

亚热带 4.69t/ 人，中温带最高。从上述数据来看，中温带平均水平与暖温带和亚热带差距较大。

2014 年按温度带划分的地级及以上城市碳排放现状　　　表 3-15

温度带 \ 项目	总人口		碳排放量		城市数量		市均人口	市均碳排放量	人均碳排放量
	万人	%	亿 t	%	个	%	万人	万 t	t/ 人
亚热带	22606.2	53.65	10.60	53.16	142	50.90	159.2	748.2	4.69
暖温带	14943.8	35.47	7.04	35.31	89	31.90	167.9	791.1	4.71
中温带	4585.6	10.88	2.30	11.53	48	17.20	95.5	478.6	5.02

（二）城镇体系碳排放情景预测

本书首先利用趋势外推法推算各温度带和全部地级及以上城市的人口增长规律，然后设置不同情景预测碳排放。

1. 人口规模预测

依据 2003 ~ 2014 年的地级及以上城市人口，采用趋势外推法对总人口的发展进行预测。并按照同样方法，对亚热带、暖温带、中温带的人口规模进行预测。从 2003 年到 2014 年，亚热带人口从 17832.88 万人，增至 22606.2 万人，增长 26.77%；暖温带人口从 11826.24 万人增至 14943.8 万人，增长了 26.36%；中温带人口从 4032.244 万人增至 4585.6 万人，仅增长 13.72%。所有地级及以上人口从 33691.36 万人增至 42135.6 万人，增长 25.06%，如表 3-16 所示。利用趋势外推法推算的各温度带和全部地级及以上城市的人口增长规律，如图 3-2 ~ 图 3-5 所示。

2. 碳排放情景分析

根据《国家新型城镇化规划（2014 － 2020 年）》，2020 年，常住人口城镇化率达到 60% 左右，努力实现 1 亿左右农业转移人口和其他常住人口在城镇落户。根据我们的计算，按照自然增长，到 2020 年，各个温度带地级及以上城市总人口将达到 4.76 亿，较 2014 年增长 5494 万人，由于我们选取的是地级及以上城市市辖区人口，相当于 54% 将通过农业人口直接迁移、农业人口迁移小城镇—小城镇迁移地级市等多种形式，增加地级及以上城市常住人口规模。在此，情景分析如下：

1）城镇体系布局基准情景

在上部分人口规模预测中，各温度带人口自然增长总额超过全样本值自然增长。我们以各温度带城市人口自然增长为基准情景。根据上文的各回归式，依次测算温度带城市人口自然增长，以及由此引发的碳排放增量。通过此种方法，到 2030 年，全国地级及以上城市人口分布如表 3-17、图 3-6 所示。

表 3-16

2003 ~ 2014 年按温度带划分的地级及以上城市人口（单位：万人）

年份\温度带	2003	2004	2005	2006	2007	2008	2009	2010	2011	2012	2013	2014
亚热带	17832.88	18104.33	18987.67	18940.18	19189.83	19455.12	19727.29	19943.42	20529.1	20764.2	21676.6	22606.2
暖温带	11826.24	12268.69	12521.18	12748.3	12935.65	13123	13289.74	13784.66	13994	14268.1	14314.7	14943.8
中温带	4032.244	4106.57	4168.56	4321.68	4404.13	4410.52	4462.45	4495.75	4516.7	4533.8	4585.8	4585.6
总人口	33691.36	34479.59	35677.41	36010.16	36529.61	36988.64	37479.48	38223.83	39039.8	39566.1	40577.1	42135.6

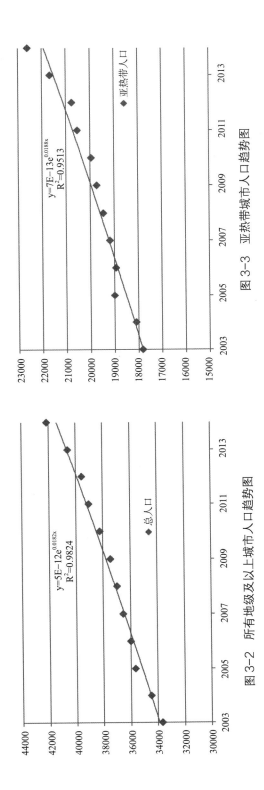

图 3-3 亚热带城市人口趋势图

$y=7E-13e^{0.0188x}$
$R^2=0.9513$

图 3-2 所有地级及以上城市人口趋势图

$y=5E-12e^{0.0182x}$
$R^2=0.9824$

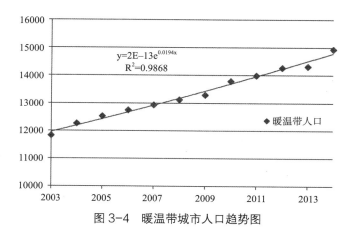

图 3-4　暖温带城市人口趋势图

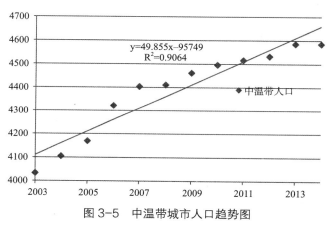

图 3-5　中温带城市人口趋势图

基准情境下全国地级及以上城市人口分布（单位：万人）　表 3-17

年份 温度带	2015	2016	2017	2018	2019	2020	2021	2022
亚热带	19817.17	20193.26	20576.48	20966.98	21364.88	21770.34	22183.5	22604.49
暖温带	18968.61	19340.2	19719.06	20105.34	20499.2	20900.76	21310.2	21727.65
中温带	4708.825	4758.68	4808.535	4858.39	4908.245	4958.1	5007.955	5057.81
年份 温度带	2023	2024	2025	2026	2027	2028	2029	2030
亚热带	23033.48	23470.6	23916.02	24369.9	24832.39	25303.65	25783.86	26273.18
暖温带	22153.28	22587.25	23029.72	23480.86	23940.84	24409.82	24888	25375.54
中温带	5107.665	5157.52	5207.375	5257.23	5307.085	5356.94	5406.795	5456.65

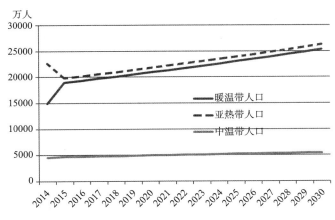

图 3-6　基准情境下全国地级及以上城市人口分布

在基准情境下，根据面板数据所得的回归式，求出在此人口布局下的碳排放量，如表 3-18 所示。2020 年，地级及以上城市因人口分布所引起的碳排放量为 22.03 亿 t，较 2014 年增长 2.07 亿 t；2030 年，因人口分布所引起的碳排放量为 25.34 亿 t，较 2014 年增长 5.38 亿 t。

基准情景下由人口分布所引起的碳排放量（单位：亿 t）　　表 3-18

温度带 \ 项目 \ 年份	2020		2030	
	总额	较 2014 年增长	总额	较 2014 年增长
亚热带	10.32	−0.30	11.91	1.28
暖温带	9.40	2.36	11.12	4.08
中温带	2.31	0.01	2.32	0.02
地级及以上城市	22.04	2.07	25.34	5.38

2）城镇体系布局低碳情景

以地级及以上城市人口自然增长、各气候带按比例增长为低碳情景。以上文人口规模预测为基础，趋势外推至 2030 年的地级及以上总人口规模。进一步，根据各气候带自然增长的分布比例，测算出相应年份各个气候带的人口规模，如表 3-19、图 3-7 所示。进一步，根据上文的回归式，测算各温度带城市人口自然增长引发的碳排放增量。

低碳情境下，2020 年，地级及以上城市因人口分布所引起的碳排放量为 21.58 亿 t，较 2014 年增长 1.62 亿 t；2030 年，因人口分布所引起的碳排放量为 24.82 亿 t，较 2014 年增长 4.86 亿 t。

低碳情境下全国地级及以上城市人口分布（单位：万人）　　表 3-19

温度带 ＼ 年份	2015	2016	2017	2018	2019	2020	2021	2022
亚热带	19251.2	19617.13	19990.11	20370.26	20757.73	21152.62	21555.1	21965.28
暖温带	18426.88	18788.41	19157.12	19533.15	19916.64	20307.72	20706.54	21113.24
中温带	4574.342	4622.912	4671.505	4720.122	4768.76	4817.417	4866.093	4914.785

温度带 ＼ 年份	2023	2024	2025	2026	2027	2028	2029	2030
亚热带	22383.32	22809.35	23243.51	23685.97	24136.86	24596.34	25064.56	25541.69
暖温带	21527.97	21950.88	22382.14	22821.88	23270.28	23727.5	24193.69	24669.04
中温带	4963.493	5012.213	5060.946	5109.688	5158.439	5207.197	5255.961	5304.728

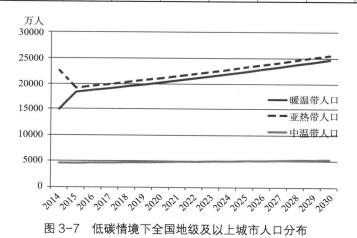

图 3-7　低碳情境下全国地级及以上城市人口分布

低碳情景下由人口分布所引起的碳排放量（单位：亿 t）　　表 3-20

温度带 ＼ 项目 ＼ 年份	2020 年		2030 年	
	总额	较 2014 年增长	总额	较 2014 年增长
亚热带	10.10	−0.52	11.66	1.03
暖温带	9.17	2.13	10.85	3.81
中温带	2.30	0.01	2.32	0.02
地级及以上城市	21.58	1.62	24.82	4.86

3）城镇体系布局高碳情景

由于，数据获取仅为地级及以上城市数据，理论上应考虑人口迁移至非地级及以上城市的城市和镇区的情况，但受数据获取限制，仅能在地级市内部设置情景分析。另外，由于地级及以上城市人均碳排放要低于其余城镇，因此，人口不能合理流入地级及以上城市的情况为高碳情景。在此，受数据可获性限值，无法进行城镇体系布局高碳情景预测。

四、基于低碳情景的全国城镇体系布局优化的规划策略

（一）在遵循规律前提下适当引导人口向暖温带和亚热带集聚

不同气候区域的碳排放影响具有差异。从人均碳排放量来看，在当前经济社会发展阶段和技术水平下，中温带大于暖温带，而暖温带大于亚热带。其中，中温带的人均碳排放比亚热带高出7.04%。通过面板数据的回归分析，我们发现随着人口的增长，不同温度带下所引起的碳排放量增长不同，分别是暖温带的碳排放量大于亚热带，中温带的碳排放量高于平均值。因此，同样的人口数量布局在不同区域，所引起的碳排放增长不同。但是，人口增长和分布具有自身的规律，不能简单通过单一变量或是针对单一目标来确定人口布局。不过，在遵循人口规律、均衡协调其余变量的情况下，应适当引导人口向暖温带、亚热带集聚，尤其向暖温带和亚热带中人均GDP高的城市集聚，由此尽量减少人口增长所引发的碳排放量。表3-21列出人均碳排放低于平均水平的暖温带和亚热带地区。

碳排放较低的暖温带和亚热带城市　　　　　　　　　　　表3-21

温度带	个数	一般城市	重要城市
亚热带	96	商洛市、河池市、六安市、巴中市、资阳市、保山市、遂宁市、抚州市、内江市、南充市、宜春市、汉中市、自贡市、安康市、临沧市、广安市、张家界市、益阳市、昭通市、永州市、揭阳市、贵港市、孝感市、玉林市、眉山市、茂名市、崇左市、宜城市、达州市、邵阳市、赣州市、吉安市、咸宁市、莆田市、钦州市、梅州市、随州市、黄山市、宜宾市、黄冈市、汕头市、泸州市、普洱市、来宾市、桂林市、十堰市、贺州市、荆州市、雅安市、宁德市、重庆市、遵义市、绵阳市、广元市、安顺市、滁州市、潮州市、云浮市、汕尾市、怀化市、丽水市、丽江市、萍乡市、池州市、上饶市、德阳市、金华市、安庆市、乐山市、贵阳市	常德市、襄阳市、鹰潭市、昆明市、南宁市、景德镇市、梧州市、成都市、长沙市、泰州市、扬州市、舟山市、南昌市、曲靖市、郴州市、合肥市、宜昌市、鄂州市、福州市、台州市、荆门市、岳阳市、肇庆市、芜湖市、株洲市、九江市
暖温带	56	定西市、陇南市、亳州市、渭南市、阜阳市、固原市、平凉市、宿州市、漯河市、周口市、忻州市、信阳市、泰安市、枣庄市、吕梁市、淮南市、宝鸡市、淮安市、庆阳市、淮北市、运城市、蚌埠市、丹东市、延安市、临汾市、宿迁市、菏泽市、朝阳市、聊城市、连云港市、铜川市、大同市、晋城市、商丘市、长治市、晋中市、驻马店市、南阳市、石家庄市、三门峡市、鹤壁市、德州市、滨州市、邢台市、临沂市、平顶山市、葫芦岛市	咸阳市、盐城市、西安市、沈阳市、威海市、济南市、锦州市、青岛市、徐州市

注：重要城市表示暖温带和亚热带中GDP高于平均水平的城市。

（二）适当引导中温带人口向经济发展水平较高区域集聚

通过面板数据的回归分析，我们发现人均 GDP 在所有样本下对碳排放量的影响以"倒 U"形的形式存在。城市的碳排放量，先随着人均 GDP 的增长而增加，当人均 GDP 增长到一定程度后，碳排放量会随着人均 GDP 的增长而下降。即使，实证中的城市人均 GDP 的拐点值极高而难以达到，人均 GDP 对碳排放量的影响仍以"倒 U"形左侧的形式存在。这意味着，随着人均 GDP 的提高，碳排放总量虽然增长，但是增长速率降低。进一步意味着，城市单位 GDP 碳排放量随着经济的发展逐渐降低。人口是经济发展的重要因素，人口的集聚是城市发挥规模集聚效应的核心因素。因此，经济发展是解决其他问题的关键，在必须依靠经济发展的前提下，适当引导人口向经济发展水平较高的区域集聚，从长远来看，有利于碳排放问题的改善。因此，除上述碳排放较低的暖温带和亚热带地区，中温带同样也具有人均 GDP 高且碳排放量低的地区，如表 3-22 所示。

经济发展水平高且碳排放量低的中温带城市　　　表 3-22

温度带	城市	个数
中温带	四平市、长春市、呼和浩特市、呼伦贝尔市、松原市、辽源市、通化市、哈尔滨市	8

（三）通过细分建筑气候区划对人口分布进行优化调整

我国城市所处的温度带有 13 类，鉴于数据获取原因，如果按照所有类别进行回归分析，各类内部数据量不足，无法保证结果准确性。因此，本书初步归纳为亚热带、暖温带、中温带三类进行研究，得出上述研究结果。在此初步框架下，建议在实践中进一步根据建筑气候区划指导工作。建筑气候区划出自于我国《民用建筑设计通则》GB 50352—2005（以下简称《通则》），新修订《民用建筑设计统一规范》目前尚未出台。根据《通则》，我国建筑气候区分为Ⅰ严寒地区、Ⅱ寒冷地区、Ⅲ夏热冬冷地区、Ⅳ夏热冬暖地区、Ⅴ温和地区、Ⅵ严寒地区和寒冷地区、Ⅶ严寒地区和寒冷地区等 7 个一级区。从计算角度，部分气候区划将城市行政单元进行分割，无法进行计量分析。例如，北京大部分地区属于Ⅱ寒冷地区，但北京北部的部分地区属于Ⅰ严寒地区；经济社会数据不可能划分，所以无法做出回归分析。但是，从实践角度，各个气候区划对建筑做出了基本要求，相应有一定成本区别。因此，在实践工作中，建议进一步细分建筑气候区，对人口分布进行优化调整。

参考文献

[1] COMMONER B. The Environmental cost of economic growth in Population, Resources and the Environment [C]. Washington, DC: Government Printing Office, 1972.

[2] EHRLICH P R, HOLDREN J P. Impact of population growth[J]. Science, 1971, 171 (3977): 1212-1217.

[3] HOLDREN J P, EHRLICH P R. Human population and the global environment[J]. The Population Debate Dimensions & Perspectives, 1974, 62 (3): 282-292.

[4] DIETZ T, ROSA E A. Rethinking the environmental impacts of population, affluence and technology[J]. Human Ecology Review, 1994, (1): 277-300.

[5] 帕特里夏·罗梅罗-兰考, 凯文·格尼等. 更加全面地认识城镇化、城镇地区和碳循环的关系 [J]. 城市与区域规划研究, 2015, (2): 112-131.

[6] 胡建辉, 蒋选. 城市群视角下城镇化对碳排放的影响效应研究 [J]. 中国地质大学学报（社会科学版）, 2015, 15 (6): 11-21.

[7] 郭郡郡, 刘成玉, 刘玉萍. 城镇化、大城市化与碳排放——基于跨国数据的实证研究 [J]. 城市问题, 2013, (2): 2-10.

[8] 王小斌, 邵燕斐. 城镇化对能源消费和二氧化碳排放的影响——基于 1995-2011 年中国省级面板数据的实证研究 [J]. 技术经济, 2014, 33 (5): 55-63.

[9] 张爱华, 黄杰. 城镇化对区域低碳经济发展效率影响的实证研究 [J]. 陕西师范大学学报（哲学社会科学版）, 2015, 44 (4): 76-82.

[10] 刘希雅, 王宇飞, 宋祺佼, 齐晔. 城镇化过程中的碳排放来源 [J]. 中国人口·资源与环境, 2015, 25 (1): 61-66.

[11] 涂正革, 谌仁俊. 工业化、城镇化的动态边际碳排放量研究——基于 LMDI "两层完全分解法" 的分析框架 [J]. 中国工业经济, 2013, (9): 31-43.

[12] 王雅楠, 赵涛. 基于 GWR 模型中国碳排放空间差异研究 [J]. 中国人口·资源与环境, 2016, 26 (2): 27-34.

[13] 刘晔, 刘丹, 张林秀. 基于收入和消费差异的中国城镇居民碳足迹研究 [J]. 生态科学, 2016, 35 (1): 194-199.

[14] 白孝忠, 李平, 廖良美. 经济城镇化对碳排放的影响——基于省域面板数据的实证分析 [J]. 生态经济, 2016, 32 (4): 63-66.

[15] 朱勤, 魏涛远. 居民消费视角下人口城镇化对碳排放的影响 [J]. 中国人口·资源与环境, 2013, 23 (11): 21-29.

[16] 曲如晓, 江铨. 人口规模、结构对区域碳排放的影响研究——基于中国省级面板数据的经验分析 [J]. 人口与经济, 2012, (2): 10-17.

[17] 王芳, 周兴. 人口结构、城镇化与碳排放——基于跨国面板数据的实证研究 [J]. 中国人口科学, 2012, (2): 47-56, 111.

[18] 王小斌, 邵燕斐. 中国城镇化、能源消耗与二氧化碳排放研究——基于 1995—2011 年省级面板数据 [J]. 工业技术经济, 2014, （4）: 115-123.

[19] 宋德勇, 徐安. 中国城镇碳排放的区域差异和影响因素 [J]. 中国人口·资源与环境, 2011, 21（11）: 8-14.

[20] 吴健生, 许娜, 张曦文. 中国低碳城市评价与空间格局分析 [J]. 地理科学进展, 2016, 35（2）: 204-213.

[21] 徐安. 我国城市化与能源消费和碳排放的关系研究 [D]. 华中科技大学, 2011.

[22] 余晶晶. 中国城镇化对碳排放的影响研究——基于省级面板数据的实证分析 [D]. 北京交通大学, 2014.

[23] 牛文元. 中国新型城市化报告 2010[M]. 北京: 科学出版社, 2010.

[24] DEHART J L, SOULÉ P T. Does I = PAT work in local places? [J]. The Professional Geographer, 2000, 52（1）: 1-10.

[25] WOOD F R, DAWKINS E, BOWS-LARKIN A, BARRETT J. Applying ImPACT: A modelling framework to explore the role of producers and consumers in reducing emissions[J]. Carbon Management, 2014, 5（2）: 215-231.

[26] CHOI C. Does economic growth really reduce disaster damages? Index decomposition analysis for the relationship between disaster damages, urbanization and economic growth and its implications[J]. International Journal of Urban Sciences, 2016, 20（2）: 188-205.

[27] Duarte R, Pinilla V, Serrano A. Looking Backward to Look Forward: Water Use and Economic Growth from A Long-Term Perspective[J]. Applied Economics, 2014, 46（2）: 212-224.

[28] FANG W S, MILLER S M. The effect of ESCOs on carbon dioxide emissions[J]. Applied Economics, 2013, 45（34）: 4796-4804.

[29] Mcgee J A, Clement M T, Besek J F. The impacts of technology: A re-evaluation of the STIRPAT model[J]. Environmental Sociology, 2015, 1（2）: 81-91.

[30] 赵红, 陈雨蒙. 我国城市化进程与减少碳排放的关系研究 [J]. 中国软科学, 2013, （3）: 184-192.

第四章　基于低碳视角的城市群空间布局优化

推进城市群布局低碳化是促进城镇化低碳发展的重要举措。本章从空间、交通、产业、生态四个维度提出低碳城市群的基本特征，根据城市群碳排放测算结果，分析城市群碳排放的影响因素。研究发现城市群低碳排放能力与发育水平、紧凑度呈正相关关系，空间紧凑度、交通紧凑度、产业紧凑度对城市群碳排放能力的影响依次递减，城市群碳排放能力随着紧凑度的提升出现下降趋势。建议构建"多中心组团式、非均衡紧凑化"的城市群空间形态，从交通供给与需求"双向发力"推动城市群低碳交通体系建设，以"大集群、小族群"的思路建立城市群低碳产业布局体系、营造"楔环结合、廊带成网"的城市群低碳生态空间格局，推进城市群空间布局低碳化。

一、城市群空间布局低碳优化的研究进展

学界对城市群空间布局低碳化的研究数量大大少于城市空间低碳化的研究数量，已有的城市群空间布局低碳化研究主要集中在城市群空间形态、交通连接、产业布局和生态空间等方面。城市群中的空间布局通过不同的产业集聚形成如内生性集群、嵌入性集群、创新性集群、低成本集群等经济运行模式来展开低碳布局，以达到城市群用地节约的目的。城市群产业布局研究较多，主要观点包括：城市群的产业应着重推动产业集群化、空间园区化，重点在各级城乡中心集聚，结合产业类型实现低污染、低排放、低能耗的低碳目标。在城市群产业布局中倡导农业向规模经营集中，工业向园区集中，现代服务业向城乡各级中心集中的土地利用方式，并依托公共交通实现多中心、组团式、网络化的城市群交通集聚化的低碳空间布局特色。城市群产业空间低碳化要求产业空间用地集约。城市群生态空间宜采取带状绿地结合点状绿地形成点带网状的整体绿化模式，形成完整的生态体系，结合城市群内基础设施廊道建设防护林带、公园等线状和点块状绿地，共同构筑多层次、多功能的复合型网络式的生态廊道体系。总体来看，目前，学界采取城市群内产业相关、交通相关、生态空间相关的空间布局对碳排放影响的角度，对城市群低碳布局进行的研究较少，但对于我国以城市群为主要载体推动城镇化的进程却尤为重要。城市群空间布局低碳化不能仅仅停留在简单的定性分

析层面上，应该加强城市群空间布局影响因素的定量研究，找出影响城市群低碳化空间布局的重要因素，并针对性地提出推动我国城市群空间布局优化的政策建议。

二、城市群空间布局低碳化的典型特征

低碳城市群是在特定的地域范围内，以低碳发展为理念，通过制度创新，开展区域层面多层次的低碳合作，推动区域低碳技术发展和产业低碳化，实现经济发展与能源消耗、碳排放脱钩的城市集合体。建设低碳城市群应遵循世界自然基金会提出的"CIRCLE"原则，即紧凑型城市遏制城市膨胀（Compact）、个人行动倡导负责任的消费（Individual）、减少资源消耗潜在的影响（Reduce）、减少能源消耗的碳足迹（Carbon）、保持土地的生态和碳汇功能（Land）、提高能效和发展循环经济（Efficiency）。

这就决定了低碳城市群具有如下特征：一是城市建设低碳集约化。低碳城市群是物质、能量、信息高效利用的城市集群。在地域空间上，低碳城市群建设应更加注重土地资源的集约利用，摒弃"摊大饼"模式，充分利用有限的土地资源，建设"紧凑型"的城市群。同时积极开展绿化，增强城市碳汇能力，美化城市环境，使城市群的建设更加低碳化，让生活在城市群范围内的居民感到更方便、更惬意、更有尊严。二是能源利用低碳高效化。减少高碳化石能源消耗是低碳城市群的重要体现。在能源消耗方面，低碳城市群应提高现有能源利用效率，大力发展清洁能源使用技术，降低高碳化石能源的消耗，减少二氧化碳的排放。在城市建筑方面，应提倡使用节能材料，推广建筑外墙、门窗等节能技术的应用等，使低碳建筑成为城市建设的主流趋势。在城市交通方面，积极推行电动新能源汽车等，建设低碳交通，倡导绿色出行，使城市群的能源利用低碳化。三是城市协同低碳最优化。低碳城市群是城市之间通过各种合作、共同推进低碳经济发展的一种模式，城市之间各组分的协同组合最优化是低碳城市群的重要特征。城市之间单一组分的和谐优化不能保证低碳城市群的健康发展，只有城市之间所有组分的优化共生才是实现城市合作最优的充分必要条件，才能节约资源，使资源节约利用由单一的线性"链"状演变成复合的"网"状，实现低碳城市群总体上减排的目标。四是居民行为低碳节约化。低碳生活是低碳城市群建设的重要环节，生活在低碳城市群中的居民一般都要具备低碳生活理念，崇尚节约和爱护环境的习惯，具有健康的生活方式和消费习惯。

在城市群层面上，国内外学者几乎都提出了紧凑型发展模式、交通效率、生态网络等具有共性的观点。发展紧凑的城市群，合理调整城市群的空间结构特征、产业布局及交通组织方式是在城市群空间层面实现低碳化目标

的主要手段。

（一）空间形态紧凑、疏密有致

从内在机制上看，城市群空间形态紧凑化可以引导人口、产业和基础设施的集中布局，从而可以提升设施共享效率，降低单位产出的碳排放和人均碳排放指数，实现城市群空间布局的低碳化发展。城市群体空间形态从"绝对集中"向"相对分散"的紧凑发展模式转变后，城市内部的人口密度、交通系统和绿地体系才释放出对生活碳排放的调节作用，因此，成熟低碳城市群的空间布局应该是空间形态紧凑但又疏密有致的空间结构体系。

（二）交通衔接紧密、联系便捷

低碳化城市群交通体系的显著特征是低能耗、低排放和高效率。与城市群低碳空间布局相对应的低碳化交通模式应是推动交通线路的网络化布局，通过充分发挥各种交通方式的优势，将多种交通方式进行有机结合，达到快速交通与慢速交通、长距离与短距离、站点与线路的优化组合，推动各种交通方式紧密衔接，构建联系便捷的交通体系网络，最大限度地节省能源消耗，降低碳排放，减轻城市交通对环境的影响和压力。

（三）产业分工有序、族群发展

当前，我国城市群大多处于工业化中期阶段，生产排放是城市群碳排放的重要来源。因此，低碳城市群的一个重要特征，是产业分工有序，通过构建城市群内部各城市之间的产业分工内循环体系，降低产业生产环节的碳排放，推动清洁生产，大力发展循环经济，打造支撑城市群发展的优势产业链条，构建簇群化发展的城市群产业分工体系。在不牺牲城市群经济产出效益的同时，努力降低单位产出的碳排放数量，以减轻工业生产对城市群生态环境带来的负面影响。

（四）生态空间占比高、格局廊带成网

城市群是一个大的区域范畴，强大完善的生态系统是吸收城市群碳排放的重要载体，生态系统的协同治理对于城市群低碳化发展具有重要意义，通过对比分析国际城市群区域的生态空间占比，发现大巴黎、伦敦地区等城市群的生态空间占比较高。城市群的生态低碳发展可通过建设城市群生态廊道、生态涵养区等，构建廊带成网的生态格局，打造城市群低碳空间布局的基础生态骨架。

三、城市群空间布局低碳化的测度与实证

（一）测度指标——城市群紧凑度

1.城市群紧凑度内涵

城市群紧凑度是指在城市群形成与发育过程中，所体现出的城市（城镇）、产业资源、资金、交通、技术、人才等物质实体按照一定的经济技术联系在空间上的集中程度，这种紧凑的合理性直接影响着城市群的空间运行效率。适度的紧凑度是城市群综合效益最大化的集中体现，城市群紧凑度过高、过低都不利于城市群的健康发展。

城市群紧凑度包括城市群产业紧凑度、城市群空间紧凑度和城市群交通紧凑度。城市群产业紧凑度、空间紧凑度和交通紧凑度之间紧密联系，相互影响。交通通达性的提高有助于产业在空间上的集聚，交通紧凑度的提升在某种程度上可提高城市群的产业紧凑度和空间紧凑度，而产业紧凑度加大后可促使产业集聚区建设，进而提高城市群的空间紧凑度，空间紧凑度加大后可不断减少交通成本，进而提升交通紧凑度。可见城市群紧凑度是城市群产业紧凑度、空间紧凑度和交通紧凑度共同作用的综合体现。

2.城市群紧凑度的计算

城市群紧凑度与城市紧凑度的概念类似，但内涵不同。城市紧凑度指城市建成区用地的紧凑与饱满程度，是以城市建设用地为研究对象，考察城市建设用地的集约利用和紧凑程度，以达到防止城市蔓延、节约用地为最终目标；而城市群紧凑度主要表现节点的空间配置关系，即节点的理想、合理和有效的空间结构，然后才是有形物质（或节点及交通等线路）对空间的填充程度，即有形物质的密度越大，紧凑性越高，多数有形物质居于一方（或集中于几何中心，或偏居一方），则紧凑性越高。从空间运行效率分析，在城市群的运行过程中，紧凑度越高的城市群能够节省更多的时间成本和交通运输成本，获得因合理而科学的地域劳动分工格局所创造的更高的投入产出效益。城市群紧凑度综合测度的具体思路为，利用城市群产业紧凑度、空间紧凑度和交通紧凑度计算城市群综合紧凑度。

根据城市群紧凑度的综合测度思路，构建基于产业、空间和交通3个因素的城市群紧凑程度的综合测度方法。设 I_c 表示城市群产业紧凑度指数，I_s 为城市群空间紧凑度指数，I_t 为城市群交通紧凑度指数，α、β、γ 分别为代表产业紧凑度、空间紧凑度和交通紧凑度的加权影响系数，通过熵技术支持下的专家群民主决策法计算得知 $\alpha=0.32$、$\beta=0.38$、$\gamma=0.30$，则城市群综合紧凑度指数 U_c 为：

$$U_c = \alpha I_c + \beta I_s + \gamma I_t \qquad (4-1)$$

1）城市群产业紧凑度

城市群产业紧凑度是指城市群内部各城市之间按照产业技术经济联系，在产业合理分工和产业链延伸过程中所体现出的产业集群和产业集聚程度。产业结构的高级化和国际化程度、产业链的延伸程度、产业分工的合理程度、产业节点和空间配置关系、产业布局优化程度、产业基地和产业中心的辐射带动程度、产业集聚区的建设规模与效益等都直接影响着城市群的产业紧凑度。因此，城市群产业紧凑程度的大小直接作用于城市群的形成发育和空间运行效率，是评价城市群综合紧凑度的首要指标。合理调控城市群产业紧凑度，对优化城市群产业布局、加快产业结构高级化和国际化步伐，延伸城市群产业链，加快产业基地和产业集聚区建设，进而提升城市综合经济实力等具有十分重要的意义。

根据城市群产业紧凑度的概念，一般可以构建产业集中度指数 I_{cc}、产业结构集中度指数 I_{cj} 和产业结构空间效率指数 I_{cs} 作为测度城市群产业紧凑度的主要指标。其中产业集中度指数、产业结构集中度指数为非空间指向性指数，产业结构空间效率指数为空间指向性指数。本研究由于数据与计算的问题，将指标简化为产业集中度指数 I_{cc} 与产业结构集中度指数 I_{cj} 两项，故城市群产业紧凑度 I_c 的具体测算模型为

$$I_c = \alpha_c I_{cc} + \beta_c I_{cj} \qquad (4-2)$$

$$I_{cc} = \frac{\sum_{i=1}^{n} x_i}{n} \sqrt{\sum_{i=1}^{n} \frac{(x_i - \bar{x})^2}{n-1}}, \quad x_i = \frac{M_i^2}{GDP_i} \qquad (4-3)$$

$$I_{cj} = \frac{\sum_{i=1}^{n} x_i}{n} \sqrt{\sum_{i=1}^{n} \frac{(x_i - \bar{x})^2}{n-1}}, \quad x_i = \frac{\delta F_i + \phi S_i + \omega T_i}{GDP_i} \qquad (4-4)$$

公式（4-2）中，I_c 为城市群产业紧凑度指数；I_{cc} 为产业集中度指数；I_{cj} 为产业结构集中度指数；α_c、β_c 为权重，通过熵指数支持下的 AHP 模型计算可知，$\alpha_c = 0.45$、$\beta_c = 0.55$。

公式（4-3）中，x 为选取的某个城市群内第 i 个城市的指标值；$\bar{x}$ 为各指标值的平均值（下同）；n 为城市群内的城市个数；M_i 为城市区内第 i 城市的工业总产值；GDP_i 为第 i 城市的 GDP 总量。根据我国城市的发展阶段，城市第二产业具有重要意义，表现为具有较高的工业化水平，而度量工业化水平不仅要求具有较高的工业产值比重，也表现为较大的产出规模，分别体现地方的工业组织能力和强度，该指数涵盖规模和结构。相对而言，离散程度又反过来表达了"非空间紧凑"的程度，标准差为 0，表明城市群是一个完全的均质空间，根据城市群形成与发育过程理论，没有表现出一定的等级关系，是一种最原始的状态。因此，产业集中指数越大，城市群产业紧凑度越大，发育程度也就越高。

公式（4-4）中，δ、ϕ、ω 分别为三次产业加权值，通过熵技术支持下的

专家群民主决策法计算得知 $\delta=1.50$、$\phi=3.87$、$\omega=4.63$，F_i、S_i、T_i 分别为各地级市三次产业产值。产业结构集中度指数表达城市群发育阶段和空间离散程度两个概念，考虑到第三产业往往能够代表区域创新能力、集散能力和生产要素的组织能力，因此它比产业集中度指数更能表达城市群发育质量。产业结构集中度指数越大，则城市群产业紧凑度越大，发育程度相应就越高，在不同资源禀赋和基础条件下的城市群，产业结构集中度指数存在一定程度的差异。

2）城市群空间紧凑度

城市群空间紧凑度是指城市群内部各种生产要素在空间上的集聚程度，是衡量土地集约利用和空间产出效益的核心指标，既是狭义紧凑度概念的基本内涵，又能体现城市群节点配置和人口密度等基本特征，是从区域空间角度出发，衡量城市群内城镇、人口分布集中程度的指数。城市群空间紧凑度一方面反映城镇和人口在空间上的集中程度，具有空间指向性，另一方面反映城镇数量、人口规模构成等级，体现节点城市配置的空间效率，进一步反映城市群的发育程度。根据城市群的不同界定标准，人口规模、城镇数量和结构是两个重要的衡量指标，特定范围内适当的人口和城镇规模是城市群形成和发育的前提条件。因此，城市群空间紧凑度的大小也决定了城市群的形成和发育程度。合理调控城市群空间紧凑度，对建设资源节约型城市群，提高城市群土地集约利用程度和效益，进而提升城市综合经济实力具有非常重要的现实意义。

根据城市群空间紧凑度的概念，一般可选取空间相互作用指数 I_{si}、人口密度指数 I_{sp} 和城镇密度指数 I_{su} 这三个具有空间指向性的指标作为计算城市群空间紧凑度的指标，本研究中为了将城市群空间紧凑度与交通紧凑度、产业紧凑度进行区分，仅选取人口密度指数 I_{sp} 作为空间紧凑度的衡量标准。则城市群空间紧凑度指数 I_s 的计算公式为

$$I_s=I_{sp}=\frac{\sum_{i=1}^{n} x_i}{n}\sqrt{\sum_{i=1}^{n}\frac{(x_i-\bar{x})^2}{n-1}},\ x_i=\eta_j\frac{P_i}{A_i} \tag{4-5}$$

公式（4-5）中，x_i 表示选取的某个城市群第 i 城市的相应指标值；$\bar{x}$ 表示相应指标的平均值；n 为城市群内城市个数；η_j 为不同城市等级的权重（通过熵技术支持下的专家群民主决策法计算获得），j 为 1 ~ 5，即超大城市、特大城市、大城市、中等城市和小城市 5 个等级的城镇体系，相应的权重分别为 0.36、0.28、0.20、0.12 和 0.04，P_i 为第 i 地级市的总人口，A_i 为第 i 地级市的面积。人口密度直接反映了城市群的紧凑程度，人口密度越大，则紧凑性越高。

3）城市群交通紧凑度

城市群交通紧凑度是衡量紧凑度的广义指标之一，是从通达性角度衡量城市群内节点城市交通联系便利程度的指数，通过节点城市数量、交通距离以及区域范围大小来体现城市群内节点间的交通联系，进而反映城市群的紧凑程度。

一方面从连接线的数量关系出发，表达节点之间的交通联系强度；另一方面从交通距离出发，通过不同规模等级的城镇间平均距离体现交通紧凑程度；还可以从交通网络体系的空间载体，即分布范围出发，表达不同范围内不同城镇数量与交通网络的分布与特征情况。根据与城市群区域范围的关系，范围越大，交通距离就越大，交通紧凑性就有可能下降。因此，城市群交通紧凑度的衡量受区域范围的影响会更大一些。

根据城市群交通紧凑度的概念，选取加权通达指数 I_{tt}、非加权通达指数 I_{tf} 和交通空间紧凑性指数 I_{ts} 三个具有空间指向性的指标测算城市群交通紧凑度指数。则城市群交通紧凑度指数 I_t 的计算公式为：

$$I_t = \alpha_t I_{tt} + \beta_t I_{tf} + \gamma_t I_{ts} \tag{4-6}$$

$$I_{tt} = \sum_{j=1}^{n} \left(T_{ij} \times \sqrt{GDP_j \times P_j} \right) \Big/ \sum_{j=1}^{n} \left(\sqrt{GDP_j \times P_j} \right) \tag{4-7}$$

$$I_{tf} = \frac{\sum_{i=1}^{n} x_i}{n} \sqrt{\sum_{i=1}^{n} \frac{(x_i - \bar{x})^2}{n-1}}, \quad x_i = T_{ij} \tag{4-8}$$

$$I_{ts} = \frac{n \sum_{i=1}^{n} L_{Ni}}{\sum_{i=1}^{n} A_i \sqrt{\sum_{i=1}^{n} \frac{(x_i - \bar{x})^2}{n-1}}} \tag{4-9}$$

公式（4-6）中，I_{tt}、I_{tf}、I_{ts} 分别为加权通达指数、非加权通达指数和交通空间紧凑性指数；α_t、β_t、γ_t 为权重，通过熵指数支持下的 AHP 模型计算可知，$\alpha_t=0.28$、$\beta_t=0.16$、$\gamma_t=0.56$。

公式（4-7）中，I_{tt} 为城市群内节点 i 的加权通达性指数：T_{ij} 为节点 i 到达经济中心 j（或活动目的地）所花费的最短时间；$GDP_j \times P_j$ 为评价系统范围内某区域中心和活动目的地 j 的某种社会经济要素流的流量，即表示该经济中心的经济实力或对周边地区的辐射力或吸引力；n 为评价系统内除 i 节点以外的节点总数。GDP_j 为 j 城市的 GDP 总量，P_j 为 j 城市的人口。通达性是指利用一种特定的交通系统从某一给定区域到达活动地点的便利程度，该指数反映了某一城市和区域与其他城市和区域之间发生空间相互作用的难易程度。通达性具有空间指向概念，即城市之间克服距离摩擦进行作用的难易程度；还具有时间概念，通常可以通过时间单位来反映空间距离。一般认为，区域和城市的人口规模、经济总量越大，其对周边的区域和城市的影响力、吸引力和辐射能力也就越大，其他区域和城市对其通达性要求就更高，考虑城市群内城市的人口和经济总量差异对通达性的影响，将人口和 GDP 变量引入模型，以 $GDP_j \times P_j$ 作为权重。该指数越小，表示该节点的通行性越高，与区域中心和其他城市间的联系越紧密，在空间上紧凑型更强。

公式（4-8）中，x_i 表示选取的某个城市群内城市第 i 城市相应指标值；$\bar{x}$ 表示相应指标的平均值；n 为城市群内城市个数；T_{ij} 为节点 i 到达经济中心 j（或活动目的地）所花费的最短时间。非加权通达指数是单纯从交通通达性和方便程度来衡量紧凑程度的指数，采用通达时间的标准差来反映区域内部各城市之间的交通通达的离散程度，标准差越大，紧凑型越高。非加权通达指数越小，表示节点的通达性越高，与节点城市间的联系越紧密，空间紧凑程度也就越高。

公式（4-9）式中，L_{Ni} 为节点 i 的对外直接联系线方向数量；n 为城市群内节点数，A_i 为 i 城市的区域面积，x_i 为节点之间直线距离；$\bar{x}$ 为节点间联系的直线平均距离。根据相关研究，中心性指数总和较大的城市群空间结构稳定性越大，而城市群空间结构的稳定性体现在节点城市个数和城市群发育程度上，即稳定性大的城市群，其发育阶段也越高；而某个节点城市的中心性指数除城市人口、经济外，也取决于节点城市间的直线距离，因此可用 $\sum_{i=1}^{n} L_{Ni}$ 来近似计算城市群的中心性指数，节点城市对外直接联系数量根据相邻、直接联系原则确定；因此城市群紧凑度与城市群内节点数量、$\sum_{i=1}^{n} L_{Ni}$ 成正相关，与区域的总面积、节点间直线距离的标准差成负相关；该指数越大，城市群越紧凑。

（二）对我国城市群的实证分析

本研究选择长三角城市群、珠三角城市群、京津冀城市群、山东半岛城市群、辽东半岛城市群、长株潭城市群、武汉城市群、环鄱阳湖城市群、中原城市群、哈大长城市群、江淮城市群、成渝城市群、关中城市群、海峡西岸城市群 14 个城市群进行分析，探讨城市群低碳发展的影响因素。其中城市群中各城市的碳排放量数据来自第三章。

1. 城市群低碳排放能力与发育水平呈正相关

根据城市群碳排放和紧凑度计算方法，可以测算出 2005 年、2014 年我国 14 个城市群碳排放与紧凑度的结果（表 4-1、表 4-2）。从测算结果来看，城市群的单位 GDP 碳排放能力与发育水平呈现正相关，城市群发育水平越高，城市群低碳排放能力越强。2014 年城市群单位 GDP 碳排放比 2005 年呈现出明显下降态势，城市群低碳排放能力明显提升，比如长三角、珠三角、京津冀城市群单位 GDP 碳排放由 2.21、2.00 和 2.80 分别下降到 1.16、1.06 和 1.28。在同一时期，发育水平较高城市群的单位 GDP 的碳排放明显比发育水平较低的城市群低，比如 2014 年长三角（1.16）、珠三角（1.06）单位 GDP 碳排放低于辽东半岛（1.86）和哈大长城市群（1.75）。此外城市群碳排放与产业结构密切相关，比如京津冀城市群发育水平相对较高，但由于以钢铁、能源、石化等重化工为主的产业结构特征突出，高碳产业结构锁定效应导致城市群单位 GDP 碳排放明显比其他城市群高。

2005 年我国 14 个城市群碳排放及紧凑度测算　　　　表 4-1

城市群	单位 GDP 碳排放	产业紧凑度	空间紧凑度	交通紧凑度	综合紧凑度
长三角城市群	2.21	1.00	1.00	0.74	1.00
珠三角城市群	2.00	0.70	0.63	1.00	0.83
京津冀城市群	2.80	0.50	0.29	0.61	0.49
山东半岛城市群	3.13	0.42	0.37	0.23	0.37
辽东半岛城市群	4.54	0.54	0.18	0.32	0.36
长株潭城市群	3.57	0.05	0.55	0.69	0.46
武汉城市群	4.02	0.39	0.32	0.59	0.46
环鄱阳湖城市群	2.58	0.10	0.18	0.19	0.16
中原城市群	3.40	0.38	0.33	0.68	0.48
哈大长城市群	3.74	0.22	0.11	0.00	0.12
江淮城市群	2.97	0.13	0.28	0.57	0.34
成渝城市群	3.49	0.45	0.17	0.10	0.25
关中城市群	3.61	0.35	0.25	0.43	0.36
海峡西岸城市群	2.21	0.08	0.42	0.44	0.34

2014 年我国 14 个城市群碳排放及紧凑度测算　　　　表 4-2

城市群	单位 GDP 碳排放	产业紧凑度	空间紧凑度	交通紧凑度	综合紧凑度
长三角城市群	1.16	0.75	0.97	1.00	0.96
珠三角城市群	1.06	0.97	1.00	0.86	1.00
京津冀城市群	1.28	1.00	0.38	0.64	0.69
山东半岛城市群	1.50	0.44	0.41	0.56	0.49
辽东半岛城市群	1.86	0.51	0.32	0.75	0.54
长株潭城市群	1.38	0.48	0.31	0.61	0.48
武汉城市群	1.46	0.66	0.52	0.54	0.60
环鄱阳湖城市群	1.25	0.29	0.22	0.33	0.29
中原城市群	1.60	0.49	0.64	0.68	0.64
哈大长城市群	1.75	0.68	0.09	0.33	0.37
江淮城市群	1.41	0.43	0.39	0.55	0.48
成渝城市群	1.59	0.52	0.30	0.86	0.57
关中城市群	1.55	0.52	0.44	0.57	0.54
海峡西岸城市群	1.23	0.73	0.46	0.60	0.62

2. 城市群低碳排放能力与紧凑度呈正相关

从城市群碳排放与紧凑度的相关性来看（图4-1），城市群低碳排放能力

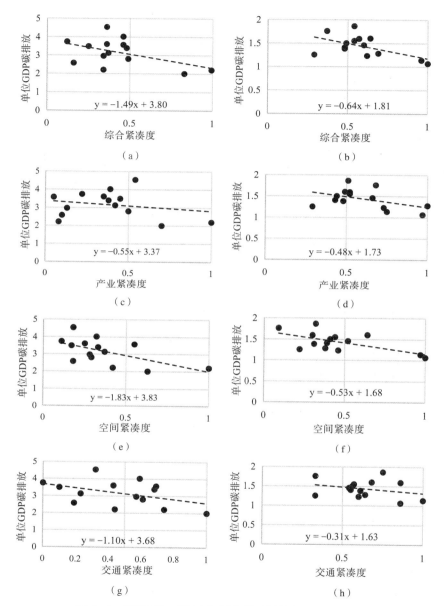

图4-1　2005年、2014年城市群碳排放与紧凑度的关系

（a）2005年综合紧凑度与单位GDP碳排放；（b）2014年综合紧凑度与单位GDP碳排放；
（c）2005年产业紧凑度与单位GDP碳排放；（d）2014年产业紧凑度与单位GDP碳排放；（e）
2005年空间紧凑度与单位GDP碳排放；（f）2014年空间紧凑度与单位GDP碳排放；（g）2005年
交通紧凑度与单位GDP碳排放；（h）2014年交通紧凑度与单位GDP碳排放

与布局紧凑度呈正相关，城市群紧凑度越高，城市群低碳排放能力越强。城市群综合紧凑度、空间紧凑度、交通紧凑度、产业紧凑度与单位GDP碳排放呈现出负相关关系，意味着城市群紧凑度越高，单位GDP碳排放越低，城市群低碳排放能力越强。随着城市群发育程度的逐步提高，紧凑度对城市群低碳排放能力的影响程度趋弱，2005年、2014年单位GDP碳排放与综合紧凑度拟合曲线的系数由−1.49提升为−0.64，单位GDP碳排放与产业紧凑度、空间紧凑度、交通紧凑度的回归曲线也呈现变缓趋势，意味着单位GDP碳排放下降程度随着综合紧凑度的提升而逐渐放缓，说明我国城市群紧凑度与碳排放处于"U"形的左侧，到底存在不存在紧凑度达到一定临界值后，城市群低碳排放水平会出现下降态势，还有后续持续跟踪研究。

3. 空间紧凑度、交通紧凑度、产业紧凑度对城市群碳排放的影响依次递减

以单位GDP碳排放（Y）为因变量，选取城市群产业紧凑度（I_c）、空间紧凑度（I_s）、交通紧凑度（I_t）为自变量，建立城市群低碳化布局的影响因素评价模型，分2005年、2014年两个时段开展多元线性回归分析。利用SPSS软件对自变量数据进行分析，发现模型出现多重共线性问题。为了避免多重共线性对模型模拟带来影响，研究首先采取主成分分析，提取主因子，利用因子得分与因变量开展多元线性回归分析，最后还原为原始变量的表达方式，完成模型运算，得到计算结果如下

2005年：$Y=0.20I_c+0.24I_s+0.22I_t$

2014年：$Y=0.17I_c+0.21I_s+0.20I_t$

从计算结果来看，产业紧凑度、空间紧凑度、交通紧凑度对城市群低碳排放能力均产生明显影响，影响系数分别由2005年的0.20、0.24、0.22下降到2014年的0.17、0.21、0.20，影响程度呈现出下降的态势，表明随着城市群空间紧凑度的不断提升，紧凑度对城市群低碳排放能力呈现出下降趋势。空间紧凑度对城市群碳排放影响最为明显，2005年、2014年影响系数分别达到0.24和0.21，位于三个影响因子的首位，交通紧凑度（0.20）是影响城市群碳排放的第二大因素，产业紧凑度（0.17）排名第三。综合来看，城市群空间形态的紧凑化是推动碳排放降低的最重要的布局因素，但城市群紧凑化对城市群碳排放影响程度呈现出下降态势，交通紧凑度对城市群碳排放的影响提升程度强于产业紧凑度对城市群碳排放的影响。

4. 空间紧凑度、交通紧凑度、产业紧凑度对不同类型城市群碳排放的影响效果存在差异

在分析空间紧凑度、交通紧凑度、产业紧凑度对所有城市群影响程度的基础上，进一步地，将2005年、2014年各城市群样本按照综合紧凑度评分划分为高紧凑度城市群（综合紧凑度高于0.5）与低紧凑度城市群（综合紧凑度低于0.5），分类研究三种影响因素对两类城市群发挥的不同影响作用。

以单位 GDP 碳排放（Y）为因变量，选取城市群产业紧凑度（I_c）、空间紧凑度（I_s）、交通紧凑度（I_t）为自变量，建立城市群低碳化布局的影响因素评价模型，以 2005 年、2014 年内所有城市群数据为样本，对高紧凑度城市群与低紧凑度城市群两类对象分别开展多元线性回归分析。首先利用 SPSS 软件对自变量数据进行分析，发现模型出现多重共线性问题。为了避免多重共线性对模型模拟带来影响，研究首先采取主成分分析，提取主因子，利用因子得分与因变量开展多元线性回归分析，最后还原为原始变量的表达方式，完成模型运算，得到计算结果如下：

高紧凑度城市群：$Y=0.29I_c+0.34I_s+0.24I_t$

低紧凑度城市群：$Y=0.17I_c+0.36I_s+0.32I_t$

由计算结果分析可知，无论城市群紧凑度高低，产业紧凑度、空间紧凑度、交通紧凑度对城市群低碳排放能力均产生影响，对于高紧凑度城市群，在三个因素中，空间紧凑度对城市群碳排放影响最为明显，影响系数为 0.34，位于三个影响因子的首位。产业紧凑度（0.29）是影响城市群碳排放的第二大因素，交通紧凑度（0.24）排名第三。三类影响因素中产业因素与空间因素发挥了较重要的作用，但综合来看三类影响因素影响系数较为均衡。而对于低紧凑度城市群，除空间紧凑度对城市群碳排放仍发挥最突出影响外，交通紧凑度（0.32）成为影响城市群碳排放的第二大因素，产业紧凑度（0.17）排名第三。三类影响因素中空间因素与交通因素影响系数明显占优，而产业因素的作用显著弱化。

为探究以上规律的准确性，研究采用了另一种高、低紧凑度城市群的划分方法进行验证。区别于依据紧凑度评分的划分方法，将 2005 年、2014 年各城市群样本按照综合紧凑度排名划分为高紧凑度城市群（综合紧凑度排名前 14 位）与低紧凑度城市群（综合紧凑度排名后 14 位），分类研究三种影响因素对两类城市群发挥的不同影响作用。

采用同样方法完成模型运算，得到计算结果如下：

高紧凑度城市群：$Y=0.28I_c+0.32I_s+0.26I_t$

低紧凑度城市群：$Y=0.23I_c+0.35I_s+0.31I_t$

由计算结果分析可知，无论城市群紧凑度高低，产业紧凑度、空间紧凑度、交通紧凑度对城市群低碳排放能力均产生影响，且空间紧凑度的影响最为突出。对于高紧凑度城市群，城市群碳排放影响作用排名依次为空间紧凑度（0.32）、产业紧凑度（0.28）、交通紧凑度（0.26），三类因素影响系数较为均衡。而对于低紧凑度城市群，城市群碳排放影响作用排名依次为空间紧凑度（0.35）、交通紧凑度（0.31）、产业紧凑度（0.23），三类因素中空间与交通因素发挥重要影响，产业因素的作用明显弱化。

综合来看，分类方法的差异没有影响两类城市群碳排放影响因素的排名顺序与规律特征。因此可以明确，城市群空间形态的紧凑化对不同类型的城市群均是推动碳排放降低的最重要的布局因素。对于高紧凑度城市群，产业紧凑度对城市群碳排放的影响程度强于交通紧凑度的影响；而对于低紧凑度城市群，交通紧凑度对城市群碳排放的影响程度强于产业紧凑度的影响。此外，根据三类因素影响系数的分析，空间、交通、产业空间紧凑化对于高紧凑度城市群碳排放的影响均较为明显且相对均衡；而对于低紧凑度城市群，空间与交通空间紧凑化对其低碳化发展发挥关键性影响，而产业因素的影响则明显较弱。

四、我国城市群空间布局低碳化发展存在的突出问题

（一）城市群空间结构亟待优化

城市群空间布局的混乱无序是影响城市群低碳化的突出问题。由于城市群缺乏统筹协调机制和行政区经济的分割，城市群内各城镇均以追求自身利益最大化为出发点开展城市建设开发，生态、生产、生活空间的统筹合理布局难以在城市群层面顺利实现，造成对生态空间的严重侵蚀、低效重复建设、生产与生活空间的隔离等问题。此外，大多城市群内部城镇之间协作分工联系不紧密，核心城市的无序蔓延、外围城市空间扩展动力不足，人口处于绝对集中的发展阶段，核心城市的辐射带动作用还有待挖掘。根据以往研究结果，城市群在由绝对集中向相对分散的紧凑发展过渡后，城市内部的人口密度、交通系统和绿地体系才释放出对碳排放的调节作用。因此，探索适合推动城市群由绝对集中向相对分散的空间布局体系对于降低城市群碳排放具有重要推动作用。

（二）城市群交通网络化程度低

当前，我国城市群交通网络化程度低，尤其是大容量、快速、环保型的城际轨道交通建设严重滞后，与发达国家的城市群差距较大。城市交通与城际交通缺乏衔接，不同的管理部门编制的规划不配套、不衔接、不易操作的问题非常突出，直接造成了不必要的交通效率降低和资源浪费，导致综合交通效率低下。资源环境与城市群交通发展的矛盾比较突出，现有交通发展模式是一种低效率、粗放式的发展，难以满足可持续发展的要求。一方面，城市道路和公路对能源消耗大，土地低效利用，对周边环境污染严重，另一方面，日益紧张的城市建设用地，使得作为城市连接纽带的轨道交通出现了用地匮乏的局面。

（三）城市群产业空间协作松散

当前，高耗能、高污染的产业在我国大多城市群中占有相当比重，产业结构重型化格局比较突出，以低碳为特征的高新技术产业及环保产业发展相对迟缓滞后。总体来看，城市群内部产业前后关联效应不强，主导产业链条短，产业低质重构和产业松散联系的问题并存，导致城市群在工业生产环节碳排放处

于较高水平。

一是产业同构问题依然突出，合理分工和错位发展的效果不佳。目前国内大部分城市群产业虽然具有一定的互补性，但配套程度不高，结合不紧密，存在产业结构雷同或同质化现象，不利于作为整体的城市群实现产业的良性发展。从支柱产业来看，城市群内各城市主导产业通常不够突出，带动作用不明显。

二是产业协作仍属于低层次的合作与分工，产业间关联性不强。尽管国内大部分城市群在交通、通信、医疗及环保等基础设施上取得了基本的对接，在金融业、旅游业、文化等产业方面也取得了不同程度上的合作，但是总体上说，大部分城市群内各城市间的产业协作取得的成绩仍是表面上的、低水平的，仍未达到从专业化分工形成产业集聚，未达到从产业链层面上的分工与合作。以长株潭城市群为例，长株潭城市群新兴战略产业的规模、更新速度及延伸链都还存在一定的问题，产业前后的关联度较弱。比如中联重科、三一重工和山河智能三大工程机械龙头企业在长沙集聚，负责整机生产。而据《2012年工程机械行业风险分析报告》显示，其零部件有85%以上采购自省外，核心配套件液压件也来自长株潭以外区域，并未形成产业链条的延伸，未来其与湘潭上游提供原材料的产业如钢铁业、与株洲下游的轨道交通制造业存在合作空间。

（四）城市群生态功能空间割裂

由于城市群内城市间的资源环境开发大多缺乏有效协商机制，我国城市群生态环境面临更加复杂、风险更大的局面，主要表现为以雾霾为代表的区域性大气污染严重、水污染问题日趋复杂等。蔓延式的城市群发展模式使得城市间的生态用地不断遭到蚕食，各自为政式的城市扩展使得城市边缘的大型生态斑块遭到破坏和侵占，生物栖息地与迁徙通道日益破碎化，连接性不断下降，城市群生态功能空间割裂严重，区域生态安全格局受损明显。城市群生态空间布局的问题具体表现为以下方面：

一是促进低碳发展的生态基质尚未形成。生态基质主要由森林、绿地、农地、水面等面状自然或半自然状态的相连空间构成。低碳的城市群生态空间结构要求具有相当的自然化程度，即必须有相当比例的"自然空间"，它能有效地调节城市的生态环境，增强城市的环境容量，吸收城市排放的二氧化碳。根据计算，发达国家城市的生态绿地与建成区面积之比通常为2：1左右；中国香港尽管寸土寸金，其比例也控制在1：1。尽管低碳城市群自然空间应具有的标准尚待研究，但若以国际卫生组织建议的最佳居住条件：人均60m²绿地指标作为参照。目前，我国大部分城市群及城市群内的城市离上述要求还有一定差距。目前我国城市群内生态基质尚未形成的主要表现为绿色空间严重不足且分布不均，不能满足生态需求。据联合国生物圈与环境组织制定的要求，城市绿地以达到平均每人60m²为最佳，绿化覆盖率则需达到60%。同时，据研究，

按照人类呼吸速率 CO_2-O_2 平衡和生产生活释放 CO_2 速率计算，城市人均绿地需求为 13 ~ 15m²。以长株潭城市群为例，目前长沙市、株洲市、湘潭市城区绿化覆盖率分别为 36.3%、37.5%、43.5%，人均绿地面积分别为 10.3m²、8.8m²、10.4m²，可以明显发现长株潭城市群的相关指标均低于联合国生物圈与环境组织制定的要求。同时，长株潭城市群内的绿地绝大部分位于城区边缘，分布不均衡，生态基质占主城区面积的比例偏低。

二是廊道要素的生态链不畅。目前我国城市群内部的绿色廊道大多未形成网络，现状中城市群的绿色廊道主要由城市道路、城市群区域快速路、城际高速、铁路等放射性通道的防护绿地组成，但并非连续组成，没有形成畅通的生态网络。佩斯在对克拉马其国家森林的研究中提出，绿色廊道最小宽度为 60m，才能有效地起到降低温度、控制水土流失、有效过滤污染物的作用。以长株潭城市群为例，目前城市群内绿色廊道的宽度未达到相应标准，不能产生积极的生态效应。此外，蓝色廊道脱离自然本色也是造成城市群廊道要素生态链不畅的重要原因。长株潭城市群区域内的蓝色廊道主要由湘江、浏阳河、捞刀河、靳江河、沩水、渌江、涓水、涟水等水网体系构成。由于工业的迅速发展、环境基础设施的不协调等原因，水体富营养化和石油类污染比较严重，各流域的水面多项指标劣于Ⅲ类水质标准，靳江河、沩水达到Ⅳ类地面水水质标准。其次，城市建设中人工建设物阻断水域联系，对区域小水系采取填埋和转变成城市暗渠的消灭处理手段等，也在很大程度上破坏了连续的网络化的水生态格局。

五、我国城市群空间布局低碳优化的规划策略

以降低城市群单位产出的碳排放为目标，从空间结构、交通联系、产业协作、生态治理四个维度出发，提高城市群紧凑度，打造形态上分离、功能上一体、联系上便捷、疏密有致、开放组团式的城市群低碳化空间结构。

（一）"多中心组团式、非均衡紧凑化"的城市群空间结构

1. 发展原则

根据城市群低碳化空间演进规律，推动构建"结构有序、功能互补、整体优化、共建共享"的非均衡多中心的城镇空间结构体系，打造以城乡互动、区域一体为特征的城市群低碳化空间演进形态，引导城市群由绝对集中向相对分散的紧凑形态发展（图4-2）。在水平尺度上建设不同规模、不同类型、不同结构之间相互联系的城市平面集群，在垂直尺度上建设不同等级、不同分工、不同功能之间相互补充的城市立体网络，二者之间的交互作用使得规模效应、集聚效应、辐射效应和联动效应达到最大化，从而分享尽可能高的"发展红利"，降低单位产出的碳排放，完成实现城市群空间低碳化的紧凑发展目标。

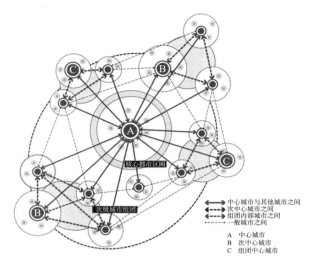

图 4-2 "多中心组团式、非均衡紧凑化"的城市群空间结构图

2. 模式特征

1) 层次化的城市等级体系

城市群中的核心城市、次中心城市、组团中心城市和其他外围城市等级规模不同的城市共同构成层次化的城市体系,通过建立等级明确的城市体系结构,促进城市群交通、功能、人口的低碳优化配置。

2) 发达的核心城市

城市群中具有发达的核心城市,拥有功能齐全的服务与广阔的消费市场,不仅辐射范围大、集聚能力强,并且掌握了丰富的外部资源与信息,能带动整个城市群各个要素的紧凑布局,推动城市群向更低碳的方向发展。

3) 专业化的组团中心城市

专业化的组团中心城市一方面整合周边区域的人口、交通、生产要素形成集约配置,另一方面与发达的核心城市一道,实现规模效应、集聚效应、辐射效应和联动效应的最大化,降低单位产出的碳排放。

3. 规划策略

1) 提升城市群核心城市职能

一个集约紧凑的城市群,其中心城市需要具有强大的服务功能及辐射带动能力。因此低碳的空间布局模式应强调打造功能强大、服务等级高的中心城市。以《江苏省城镇体系规划(2001—2020)》(以下简称《规划》)为例,《规划》要求中心城市以增强城市的集聚规模和服务功能为主;对于中心城市、城市带、城市轴以外的地区则以培育增长极、辐射广大农村地域发展为主。

2) 推进城市群次中心及重点发展轴带建设

为了满足不断增长的人口需要,减轻中心城市的压力,避免因过度膨胀而造成的碳排放增加，区域次中心及重点发展轴带的建设也是城市群低碳发展的重点。

城市群首先应合理选择副中心，积极培育和发展副中心，打破原有的单核聚集模式，将中心城市的部分功能合理分散并配置到各个副中心，并结合其原有优势和特点制定相应的发展战略，以实现地域结构的合理重组，引导城市群范围内空间的合理发展。此外，区域次中心城市建设还应尽量结合交通走廊布置，使次中心城市，一方面在空间上与中心城市相对独立，另一方面也依托交通走廊与主城区保持紧密联系。同时，次中心城市之间既要适度分散，也要考虑彼此之间的联系。

传统"离土不离乡"的就地城镇化模式导致城镇空间呈现自发的、分散化的布局形态，城镇空间多呈现一种无组织状态，缺乏统筹协调。因此除大力发展次中心外，城市群的低碳发展要求城市群应以不同地区的发展阶段与发展条件为基础，通过空间组织，以区域交通等基础设施和公共服务设施为支撑，引导集聚发展、集约经营。尤其在城市群区域层面应坚持以城市带、城市轴的城镇空间组织形式为基础，建设"紧凑型城镇、开敞型区域"相结合的城市群空间结构。

《江苏省城镇体系规划（2001—2020）》提出以核心城市与次中心城市为节点，以快速交通体系为依托，构建南京、徐州、苏锡常三个都市圈和徐连、宁通、沪宁、新宜、连通五条城市发展轴"三圈五轴"的空间结构发展布局，引导城市群空间形态实现紧凑发展。规划建设空间向沿江、沿海等具有优势区位条件的地区集中发展，控制非优势地区的空间分散建设。

3）培育外围增长极，维护保育其他生态空间

除城市群的重点发展区域外，其他外围地区也是城市群规模结构体系中的重要组成部分。目前城市群外围地区普遍存在城市中心规模不大、等级不高、不能有效地带动城市及周边乡镇的组群发展的问题，不利于外围整体空间结构的紧凑低碳发展。未来应积极培育其他外围地区的城市中心，依托各个城市的现有中心，合理布局商业和公共服务设施，促进城市中心的快速发展，进一步完善城市群层次化的城市等级体系。同时，针对增长极之外的外围区域，应重点控制大面积的农业用地和生态用地，加强对河湖流域、沿海滩涂、山地丘陵等区域生态敏感区的保护，形成广大的开敞区域。

《江苏省城镇体系规划（2001—2020）》提出建设"紧凑型城镇、开敞型区域"，作为城市群空间发展目标。通过新农村建设和村庄整治工作的持续推进，引导外围具有良好公共服务能力的乡村适度集聚发展，在其他区域重点进行维护和保育生态功能，加强碳汇功能的工作。

4. 案例借鉴——东京都市圈

东京都市圈是由"一极集中"发展为"非均衡多中心"结构的典型案例。1999年，日本出台了《第五次首都圈建设规划》，发展目标是将首都圈建设成

为一个独立自主化、可持续发展的功能区域，设想构建区域多中心、分散型网络结构的空间模式，增加东京外围区域近郊地带核心城市的数量。"分散型网络结构"的设想，打破了先前以中心城市和周边城市为核心的放射状格局，通过发展广域交通等基础设施，对都市圈空间职能进行重组，进而改变了东京都市圈单极依存的结构，形成了区域间的网络化结构，实现了圈内经济与社会相互协调发展的区域整体。

目前，东京都市圈已形成了成熟的由核心城市（东京）——次中心城市（埼玉县）——组团中心城市（神奈川县）——较边远的县镇区域等组成的多核多中心的空间发展模式。这个发展模式是由一些各具特色、功能不同、经济互补的大中小城市通过集聚而形成的都市圈。该都市圈的中心城市东京是政治、经济、文化等活动统一集中管理的中枢管理城，其他城市及其区域均在这个中心城的规划下进行。这些各具特色、功能不同、经济互补的大中小城市，在一定程度上解决了大都市圈内的各种问题（比如土地、环境、交通、住房等），从而促使都市圈的经济以东京这个超级城市"点"的经济发展为核心力量，扩散、辐射到周围区域城镇的这个"面"上，形成一个内在相互联系的满足低碳发展要求的有机体。

（二）"强核心、通节点"的交通空间组织网络

1. 发展原则

低碳城市群的交通布局首先要满足三方面的要求。一是要"能力充分"，尽量消除综合交通运输能力不足的现象，构建长久适应社会经济发展与低碳建设需要的综合交通系统。二是要"方式协调"，要明显改善目前区域运输中公路比例过高、铁路和水运比例偏低的现象，大力发展公共交通系统，建立各类公共交通占主体、各类交通运输方式技术经济优势突出的综合运输体系，如城市群中城际客运主通道，集约化的铁路运输比例应超过50%。三是要"布局合理"，水、陆、空各类交通线路、场站、网络等覆盖要满足城市规模、资源分布、产业布局、民生发展等交通联系的网络性要求，如百万人口以上中心城市一般要求由高速公路、客运专线（城际铁路）直接连通，有航运条件的也应考虑设置骨干航道（图4-3）。

2. 模式特征

1）轨道交通为主、多种交通方式并存的综合交通模式

在交通模式的选择上，低碳城市群应考虑以轨道交通为主导、多种交通方式相互协调，建成一个集常规公交、普通铁路、城市轨道交通、城际轨道交通、城际高速公路、水运等系统于一体的立体交通网络。

2）环形（方格网）+放射型路网的城市内部公共交通体系

在城市内部，建立由穿越市区的放射线和环绕市区的环线构成的以轨道交

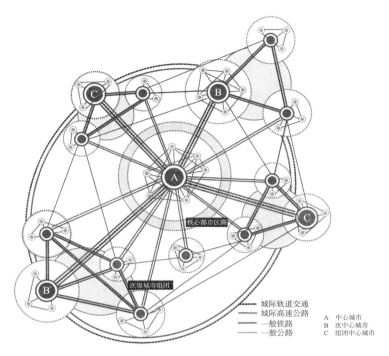

图 4-3 "强核心，通节点"的交通空间组织图

通为主导、常规公交为补充的公共交通体系。放射环状的布局结构中，放射线的主要功能是疏散穿越城市中心的客流、满足城市中心到周边地区的交通需求，加强城市中心和周边地区的联系，减轻中心区的交通压力。

3）快速路＋快速轨道的城际交通走廊体系

在城市群范围内，各级别城市与城市群内其他城市之间均形成便捷的交通联系。核心城市主要依托现有的交通廊道，建设与周边重要"增长极"之间由城际轨道交通、城际高速公路等构成的多层次的综合城际交通系统。节点城市在强化其与核心城市之间交通廊道的同时，形成四通八达的地域交通网络，打造组团内部的网络通达中心。

4）建设城市功能拓展与用地开发的综合交通枢纽

城市空间选择以公共交通走廊为纽带、公共交通为导向，综合用地组团为节点的布局方式。依托城市大容量快速道路系统及重要交通枢纽布置城市住宅和就业岗位，通过有限的伸展轴，促使城市空间围绕交通枢纽形成节点，并沿轨道线轴向扩展。

3. 规划策略

1）强化核心都市区公共交通系统建设

城市群核心大都市区是城市群的社会经济中心和主要通勤交通圈，随着城市化的发展，核心大都市与周边邻近地区不仅形成连绵城市地带，而且实现了社会经济的高度融合，居民就业、业务、居住、学习、生活等活动范围将扩大到整个都市圈，有时通勤半径在 30 ～ 50 km 以上，主要客流走廊日客流量可达几十万甚至百万人次。因此，核心大都市区的交通低碳化对于城市群的低碳化发展意义重大。在都市区层面，应加强城市公共交通综合体系规划，突出公共交通在城市交通中的优先地位，形成以轨道交通和地面快速公共交通为主导、高效便捷的换乘系统为依托、常规公共汽（电）车为基础、其他公共交通工具为辅的现代化公共交通系统，逐步改善居民出行结构。

以《昆山市城市总体规划（2009—2030）》为例，针对当前昆山市路网结构不甚合理，各类交通方式之间相互分离，缺乏枢纽体系支撑客流集散换乘和货流集散运输，导致交通运转不畅、运行效率不高、同时分散的交通流难以培育交通枢纽来引导用地的集约化发展等现状问题，提出了具体的实施策略。主要策略包括制定差别化的交通政策，调控交通出行结构和交通需求的分布，优化交通流的空间分布与交通环境；落实公交优先，保障公共交通行业持续健康发展；促进慢行友好，在城区形成连续、安全、舒适的慢行交通系统等。

2）加强城际间以轨道交通为主导的复合交通体系建设

城市群核心城市作为区域的政治、经济、交通、文化、信息等中心，一方面对城市群产生辐射带动作用，另一方面又离不开城市群经济社会整体发展的支撑。区域其他城市既可能是能源、原材料基地，也可能是现代制造业、现代农业与旅游休闲等基地。新型工业化、新型城市化的发展，将进一步提高区域产业配置率，形成区域性产业团队并加速区域共同市场的形成。因此，城市群核心城市与区域其他城市之间的交通碳排放也是城市群碳排放不容忽视的组成部分。

城市群的低碳发展对区域客货运输都提出了更高要求，需要尽快提升城际通道，以适应运输需求增加、运输时间减少、运输效率提高，最终减少交通碳排放的要求。因此，应在城际之间建设与区域产业集聚发展带相适应的水、陆综合运输通道，特别是在主要城际走廊上形成以轨道交通为主导，公路、铁路均衡发展的城际复合通道。城际复合交通走廊指沿主要城际交通走廊平行布设公路、铁路、管道等交通通道。对于以核心大都市为中心向外辐射的城市群主要走廊，需要平行布设以高速公路、城际铁路、客运专线等为主要内容的公路、铁路高速复合走廊。对于城市群外围中心城市之间的连接走廊，一般布设高速公路、普速铁路就能满足运输需求，但是对于长三角、珠三角等世界级城市群，外围中心城市之间有时也需要布设城际铁路实现快速连接。

《江苏省城镇体系规划（2001—2020）》中强调以网络化交通走廊来构建城市群发展轴，以交通基础设施为保障，促进城市群空间围绕若干发展轴集聚发展，形成高密度的城镇空间，加快城市带内区域轨道交通发展，构建集约高效的交通体系，形成轨道交通引导的紧凑型城镇空间。

3）推行以交通为导向的土地利用模式

在城市群用地不断向外扩张的情况下，人们的出行距离不断增加，城市群交通布局可以在线网布设等方面满足城市群低碳发展的需求，由于交通布局与城市空间布局的相互作用关系，城市群交通布局也可以通过"交通引导发展TOD"策略，来组织优化城市群的空间结构，进一步实现低碳发展的目标。

积极推行以交通为导向的土地利用模式，通过设置合理、便捷的公共交通走廊，建立以城市中心区和交通走廊沿线为导向的社区，形成"紧凑型城市和开敞型区域"相结合的空间形态。强调公共交通与土地利用规划紧密结合，主张集约化、高效率的土地利用模式，城市沿轴呈跳跃式发展，城市在径向和环向留有绿色生态屏障，形成紧凑、生态化的可持续的区域空间形态。轨道交通和快速公共汽车交通都是具有规模集聚效益的交通方式，一方面能促使和支撑城市沿交通走廊轴向延伸，改变城市群的发展形态，另一方面能引导城市在市中心高密度线状开发，在市郊高密度的面状开发，从而形成城市紧凑核心区和沿线的紧凑组团，促进城市群的低碳可持续发展。

《珠三角城镇群协调发展规划（2004—2020）》提出应以轨道交通引导城镇空间集聚，以公共交通引导功能布局优化，以交通枢纽引导城市用地开发和服务业发展，以货运区位引导工业用地聚集。重视交通枢纽建设，优化道路交通与沿线用地功能的衔接度，适当加强交通枢纽周边用地的混合度，合理提升交通枢纽周边用地的开发强度。

4）实施设施分区供给，引导区域差别化发展

根据城市群内不同区域的交通特点划分交通分区，与区域客流走廊相结合，针对不同分区制定不同的区域交通发展策略。在区域重要的客流走廊内，大力发展大运量轨道交通，同时对公路建设的密度适当限制。对于其他客流走廊，则根据不同走廊的客流密度，发展不同形式的轨道交通，同时以不同的公路发展策略与之相匹配。通过差别化的引领与调控，降低不必要的交通出行，促进公交优先发展，支持节能减排。

《江苏省城镇体系规划（2001—2020）》将区域交通划分为交通和城镇网络化地区、交通和城镇走廊地区、交通特色优化发展区、都市圈和增长极等五类分区，针对各类分区的特征制定具体的交通发展策略。例如在城市群的都市圈和增长极地区，交通策略为重点发展都市圈和增长极内以核心城市为中心的放射状交通设施布局。发展都市圈内的市域轨道交通系统，提升核心城市和外围城市的交通可达性。推动建设环放式的公路网布局，优化与核心城市快速路系统的衔接方式。

4. 案例借鉴——巴黎都市圈

在交通方式选择方面，巴黎都市圈核心区域内的交通方式以地铁为主，常

规交通为辅。在核心区之外的区域则通过大力发展以 RER 为主导的城际轨道交通，加强中心区与外部地区的交通联系。在空间结构方面，巴黎都市圈的交通线网主要由穿越市区的放射线和环绕市区的环线构成，呈现放射环状的布局结构，其中，放射线的主要功能是疏散穿越城市中心的客流，满足城市中心到郊区的交通需求，加强中心区和周边城镇的联系，减轻中心区的交通压力。环线则起到沟通城市中心区内部各个功能组团之间交通的作用。这种布局形式具有换乘次数较少、运营效率较高的优点，并且有利于综合交通枢纽的形成，使得轨道交通与常规公交等交通方式得到良好的衔接，从多个环节降低都市圈内交通造成的碳排放。

同时，尽管巴黎都市圈的交通体系纷繁复杂，但换乘起来非常便捷，这得益于政府在规划中对于各种交通方式接驳的强调重视与细致考量。分布在巴黎6 个方向上的 6 大火车站作为巴黎都市圈的重要交通枢纽，整合了公共汽车、地铁、RER 线路、市郊铁路等多种交通方式，使乘客可以方便地换乘各种交通工具。戴高乐机场内的快速轨道交通 RER 与高速列车综合车站，使乘客可从机场直接换乘 RER 线到达市中心，或搭乘其前往周边地区。

（三）"大集群、小簇群"的产业分工空间格局

1. 发展原则

从理想的低碳城市群产业格局来说，其应该是一个地域生产综合体。所谓地域生产综合体，就是依据区域产业结构关联和区际分工协作的基本思想，在一定区域范围内，根据国民经济发展的需要和地区资源的特点，围绕一个或若干个具有区际意义的专业化部门（或企业），发展起与其配套协作（直接或间接的）或有其他技术、经济联系的工业部门以及必要的区域性公用工程，共同组成一个密不可分的生产有机体，各部门间相互依存、相互促进，以实现对地区资源的最大可能的开发和最大效益综合利用（图 4-4）。

2. 模式特征

1）产业结构梯度分布

城市群产业具有非均衡的地域分布特征且呈现梯度分布。第三产业主要分布在各级别的中心城市，第一产业和第二产业则主要分布于中心城市以外的边缘城市。

2）全域产业布局呈纵向成链联动模式

城市群各层级城市间通过布局合理的链化产业关系，延长全域产业链条，构建核心城市—次中心城市—组团中心城市之间的产业链，形成大集群的产业网络。以产业部门的空间分布和产业链的地域延伸为主要路径，通过产业整合或空间发展方向调整等形式，推动城市功能互动，将都市圈内部的各分散的经济体联合起来，形成合力，共同构成了有机统一的低碳经济体。

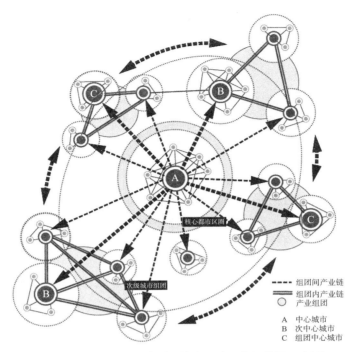

图 4-4 "大集群、小簇群"的产业分工空间格局示意图

3）区际产业呈横向集聚联动模式

城市群内各区域的主导功能相对单一化，一般围绕一个或若干个专业化部门，发展起预期具有经济或技术联系的其他部门，共同组成一个类型突出的生产有机体。这些各具产业特色的区域汇集在城市群核心城市周围，一方面分工协作，另一方面紧密联系，呈现明显的产业互补性和协调性。

3. 规划策略

1）引导城市群产业结构的低碳调整

我国目前城市群内，有相当部分的城市群正在出现或曾经出现过产业结构的"重工潮流"。城市群内多城市重工业突出，低产能高耗能的粗放型产业发展显著。区域产业整体结构正处于或尚未处于从"二三一"向"三二一"优化的转型阶段，因此碳减排任务艰巨。建设低碳城市群在产业方面首先应大力引导区域第三产业的跨越发展，尤其是高新技术产业和现代服务业，从而有效减缓一次能源消费增长率。

《江苏省沿江城市带规划（2003—2020）》对沿江城市带的产业发展条件、现状问题、制约因素等方面进行了深入研究，以资源环境为约束进行了量化分析。这些分析与研究发现，按照现状资源的利用效率，无论是水资源、土地资源、能源供给还是环境容量都无法支撑产业发展实现预期目标。因此，规划进一步提出：提高三产比例、优化二产结构，通过退二进三、优二进三等举措，逐步淘汰高能耗、高碳排企业；发展低碳产业，有效降低能源消耗，减少耗氧和碳排放；应用新技术、新设备，降低单位产值能耗。

2）进行城市群产业分工重组，优化城市群分工模式

城市群区域产业分工对于产业低碳布局意义重大。目前我国城市群中产业联系度普遍不高，特别是基于承接转移的竞争现象明显，产业规划重复率大，使得区域范围缺乏集聚基础，区域资源配置效率低下。

基于以上现状，区域产业的分工重组，应从两个方面进行：一要建立中心城市与周边城市之间的垂直分工即纵向成链的联动模式。城市群应采取垂直分工和水平分工相结合的方式。首位城市作为城市群的中心，经济和社会发展层次高于圈内其他城市，可与周边城市之间形成垂直分工的模式，应重点发展与中心城市聚散功能直接相关的金融业、商贸服务业、科技文化产业等高级形态的第三产业。二要建立次中心城市与周边城市之间的水平分工即横向集聚的联动模式，建立若干优势产业集群，促进产业协作，带动产业融合、行业整合和企业联合，进而优化区域资源配置。

《京津冀协同发展纲要》中定义首位城市北京市为"全国政治中心、文化中心、国际交往中心、科技创新中心"。次中心城市天津市作为"全国先进制造研发基地、北方国际航运核心区、金融创新运营示范区、改革开放先行区"。河北省作为"全国现代商贸物流重要基地、产业转型升级试验区、新型城镇化与城乡统筹示范区、京津冀生态环境支撑区"发展定位充分体现了区域产业的纵向与横向分工协作模式导向。

3）构建城市群低碳经济产业链，实现区域要素流通与资源共享

低碳产业链要求围绕相关产业，实现原料供应、组装加工、交易流通在空间上的集聚，在产业链条的延伸过程中避免传统"资源—产品—污染"的实现路径，实现"资源—产品—资源再利用—新产品"循环的实现路径，实现自然、经济、社会和人的和谐有序发展。

根据低碳发展的要求，首先，在城市群的产业布局与规划中，应以重点产业为核心对相关产业进行延链。在城市群主导产业的基础上，通过向上或向下延长产业链，增加上游和下游产品的生产，降低原材料成本，增加产品附加值，降低物流配送产生的额外碳排放负荷。其次，以生态工业园为核心对相关产业进行补链。通过补充主导产业链的各个环节，满足主导产业链生产辅助材料的需求，同时使主导产业链产生的废物得到循环再利用，形成循环的产业生产模式，完善行业主导产业链结构。最后，以传统产业为核心对相关产业进行耦链。以资源为纽带对传统产业进行链接耦合，在相关产业中深度开发将原料充分利用的"闭环式"生产。

《山东省循环经济试点工作实施方案》在各城市层面按照"减量化、再利

用、资源化"原则，在建设循环经济型企业和园区的基础上，建立有效的废旧物资再生利用体系，构建城市循环经济体系，实现更大范围内物质和能量的循环。例如日照市以建设循环型企业为重点，以"小循环、中循环、大循环"的建设思路，逐步构筑一、二、三产业间的物质和能量流动体系，并逐步形成了产品链、废物加工链和信息共享体系。这样的措施不仅可以减少对外界环境的污染，而且降低了各产业的生产成本与排放污物的处理成本，提高了资源利用率和转化率，实现了低碳高效的发展目标。

4.案例借鉴——东京都市圈

东京都市圈中城市功能的分布表现出一定的规律性和层次性。第一层次为都市圈的核心城市，即信息、金融中心以及政治领导中心；第二层次为都市圈的次中心城市，即次级政治中心及交通中心；第三层次为教育、科研等类型化的区域中心城市；第四层次为其他的地方性城市。

具体来看，东京区集中了绝大部分的政治、经济、文化、商业、金融、贸易、信息、交通等中枢职能，同时也是全国的交通枢纽，拥有强大的对外交通枢纽——东京火车站和羽田国际空港；多摩地区接受中心城区转移的部分功能，已发展成为都市圈商业、高科技产业、研究开发机构和大学的集聚之地，并承担了部分居住功能；神奈川县是东京都市圈重要的工业集聚地（尤其是重工业）和国际港湾（横滨港），同时承担了部分研发、商业、国际贸易、居住等职能；埼玉县主要接受了中心城区转移的部分国家行政和居住职能，在一定意义上成为日本的副都；千叶县以国际空港（成田国际空港）、工业、居住等职能为主，同时加强了商业、国际贸易、国际交流等职能；茨城县南部目前已形成了以筑波科学城为主体的大学和研究机构集聚之地，同时逐步加强会展等国际交流功能。

合理有序的产业分工体系是东京都市圈空间组织结构的特征之一，也是东京都市圈低碳化发展的重要基础。圈内每个城市各具特色、优势互补、错位发展，使得整个都市圈产业分工合理、资源有效配置，实现了都市圈经济结构的合理布局。同时，东京都市圈在逐步紧凑集约的过程中，还注重了各等级城市关系的处理，如东京核心城市与神奈川等县域的关系、东京与远郊城市的关系以及神奈川县等区域内部城市间的关系。圈内每个城市相互竞争，力争获得更多发展机会，寻找与东京等核心城市更为紧密的经济关联度。但由于地域差异的存在，远郊城市与东京相距甚远，在都市圈发展的过程中尚未列入主要发展区域，导致了这些地区经济基础薄弱，发展相对落后，与核心城市及次核心城市等经济基础较好的区域有较大的差距，这是未来仍需努力提高的部分。

合理有序的产业分工体系使得东京都市圈各城市梯度发展。核心城市拥有大量的资本、劳动力、技术等生产要素，具有超强的集聚能力，并通过首位度高这一优势向非核心城市及周边城市扩散辐射。这些城市在核心城市的辐射下，结合自身发展的比较优势，建立具有城市特色的产业分工体系，加快了产业结构的形成，达到了都市圈产业协调有机、集约低碳发展的目的。

（四）"楔环结合，廊带成网"的生态功能空间格局

1. 发展原则

城市群是一个大的区域范畴，强大完善的生态系统是吸收城市群碳排放的重要载体，生态系统的协同治理对于城市群低碳化发展具有重要意义，低碳城市群的一个重要标志即是生态治理的协同化。通过城市群生态廊道、生态涵养区等生态敏感区保护和大气、水等污染联防联治，构建生态协同治理体系，打造城市群低碳空间布局的基础生态骨架（图4-5）。

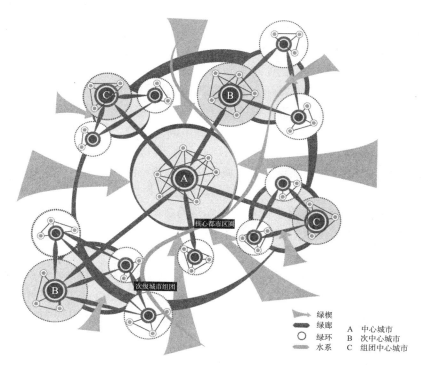

图 4-5 "楔环结合、廊带成网"生态空间格局示意图

2. 模式特征

1）分隔组团的楔形生态空间

城市群的生态功能空间以组团间的楔形生态开敞空间为主导，穿插于各个城市组团之间，将外围的生态环境引入组团内部，增加城市建设空间与外围生态空间交界面的长度。使城市组团之间保持侧向开敞，从而使得生态空间发挥较大的低碳效能并具有良好的可达性。同时，外围生态空间与城市建设空间的

114

这种镶嵌格局，限定了城市组团的轴向拓展方式，能够有效防止轴间的填充式发展。

2）串联节点的网状生态绿廊

串联节点的生态绿廊作为生态绿楔的补充，依托自然水系或城际交通廊道布设，能够起到沟通城市内外、城市之间的生态空间，形成区域绿色网络支撑体系，增强区域整体生态功能的作用。

3）城市周边的外围生态绿环

城市外围的生态绿环能起到促进城市建设空间的集聚发展，提高城市运行效率与土地集约化程度的作用。通过控制城市的外溢蔓延，避免城市无序扩张，达到减少交通量，为城市提供生态屏障，减少城市建设对于城市生态空间的侵蚀，保护城市周边自然资源，为生态服务功能提供载体等低碳发展目标。

3. 规划策略

1）维护城市群生态安全格局的禁建控制线，保障生态功能区容量

将城市群区域绿地和环城绿带规划纳入城镇体系规划和城市总体规划并作为重要内容，对城市群区域内不可建设用地以及生态框架格局从规划政策层面进行严格的绿线管制。

《珠三角城镇群协调发展规划（2004—2020）》通过对不同类型绿地的识别和分析，明确了珠三角城市群绿地构建的基本要求，在此基础上提出了一系列城市群绿地管制、维护、经营、恢复的策略和措施。

2）优化城市群生态空间结构，合理布局城市群生态支撑体系

在保障生态环境容量的基础上，构建低碳的生态功能空间格局的关键在于使城市群区域各生态功能区的服务功能产生"1＋1＞2"的效果。在生态功能区面积、质量不变的情况下，通过城市群区域（包括城市内部）生态节点、生态廊道、生态斑块、生态基质等生态功能区的优化重组，构建"绿楔＋绿廊＋绿环"的生态空间模式，使其成为"廊道组团网络化"的有机整体。具体措施包括，通过重点协调城市间跨界生态系统的保护和协调，推进建设和保护绿色开敞空间系统，大力保护生态敏感区。以各城市生态空间的连接为着力点，统筹规划生态廊道，构建协同治理的生态功能空间格局。以各城市交通基础设施的互联互通为基础，注重将区域的生产空间和生活空间规划培育成为"极核—串珠模式"，避免城市边缘区的无序蔓延，严格控制城镇沿道路发展形成"马路城镇"的空间形态。对核心城市和外围城市的生产和生活空间进行合理规划，切实保护各城市间必要的绿色间隔。将外围城市生产空间对核心城市生活空间的影响程度降至最低，同时引导外围城市形成生产空间和生活空间有序协调发展的格局。

《珠三角城镇群协调发展规划（2004—2020）》提出了"一环、一带、三核、网状廊道"的珠江三角洲城市群的生态格局框架。其基本构想是在城市的外围

地带，通过保护和发展自然风景区、生态保护区和郊野公园等区域绿地，在都市区之间和城市密集地区之间形成长期有效的生态隔离带，避免城镇连绵发展，并将其作为城市公共绿地的延伸，与其他生态斑块与廊道一同构成区域的生态框架。

3）以低碳效益和热岛效应分析引导生态空间合理布局

在新技术发展的背景下，生态空间的布局规划除运用传统方法对各类用地进行生态功能评价、生态功能分区和生态空间结构组织外，构建完整的生态结构体系也要注重运用先进的技术条件，充分考虑生态功能、绿地可达性、固氮释氧等方面的要求，进行低碳效应与热岛效应分析，确定绿化总量、均衡绿化布局、优化绿化结构。

以《武汉市城市总体规划（2006—2020）》为例，一直以来武汉市圈层式扩展的思路使得城市中心区逐渐向外蔓延，单位 GDP 碳排放量居高不下。总体规划中构建了"轴楔相间"的城市生态空间格局，通过设置六条生态廊道，使得大量湖泊和山体分布在六大生态绿楔中，城市发展用地与廊道间隔布局。在廊道以内，严格保护生态环境；在廊道以外，城市发展轴线上以轨道交通、快速路与城市干路串联起若干新城和组团。此外还通过贯通城市风道等方式，明显降低了城市的热岛效应。

4. 案例借鉴——大伦敦都市圈

在大伦敦城市规划的过程中，一直以绿色低碳的设计理念为准则对都市圈的绿化空间进行总量保护与合理布局，增加城市的公共绿地空间，改善城市的生态环境，适应环境的变化。在绿化空间保护方面，20 世纪以来，大伦敦都市圈的人口不断增长，土地需求与供给矛盾不断增大，但通过合理利用土地，大伦敦都市圈在建设用地规模增长的同时，也保证了城市开放空间的规模。大伦敦都市圈中用于建筑物和硬质地面的土地面积约占都市圈总面积的三分之一，而作为绿色空间和水面的面积则达到总量的三分之二。这些绿色空间包括的内容比较广泛，如花园运动场地、高尔夫球场、耕地、林地和灌木林地、公园、废弃地和一些软质地面等，其中公园占到大伦敦都市圈总面积的五分之一。这些绿色空间和水面，构成了城市空间中的开放空间。

在绿化空间合理布局方面，伦敦是全球最早采用环形绿带控制城市蔓延式发展的城市之一。为了应对城市无序拓展、环境质量下降等问题，大伦敦区域规划委员会（Greater London Regional Planning Committee）于 1935 年第一次正式提出用绿带为未来发展提供开敞和休憩空间。1938 年，英国议会通过了伦敦及周边城镇的《绿带法案》（Green Belt [London and Home Counties] Act），试图通过"国家购买城市边缘地区农用土地"的模式保护农村地区，防止城市过度膨胀。进一步地，1945 年的大伦敦规划提出在城市建成区之外设置 5 英里宽的绿带区域，并在之后专门颁布了绿带规划政策指引，对绿带的作用、土地用途、边界划分和开发控制等内容进行了明确的规定。大伦敦规划中的绿带由 8 个县郡规划和 30 个地方机构制定的地方规划综合设计而成。一旦被确定为绿带，将由具有土地开发权的政府一次性给予土地所有者赔偿，之后将不会更改规划用地性质。目前，经过多轮规划和建设，大伦敦都市圈已逐步形成了由都市开放地、绿带、绿色廊道等多种尺度与类型的绿色空间共同构成的大伦敦都市圈开放空间格局。

低碳城镇化空间优化导则　　　　　　　　　　　表 4-3

策略方向	规划导则
空间布局	①提升城市群核心城市职能； ②推进城市群次中心及重点发展轴带建设； ③培育外围增长极，维护保育其他生态空间
交通布局	①强化核心都市区公共交通系统建设； ②加强城际间以轨道交通为主导的复合交通体系建设； ③推行以交通为导向的土地利用模式； ④实施设施分区供给，引导区域差别化发展
产业布局	①引导城市群产业结构的低碳调整； ②进行城市群产业分工重组，优化城市群分工模式； ③构建城市群低碳经济产业链，实现区域要素流通与资源共享
生态布局	①维护城市群生态安全格局的禁建控制线，保障生态功能区容量； ②优化城市群区域生态空间结构，合理布局城市群生态支撑体系； ③以低碳效益和热岛效应分析引导生态空间合理布局

参考文献

[1] 顾大治，周国艳 . 低碳导向下的城市空间规划策略研究 [J]. 现代城市研究，2010，11：52-56.

[2] 方创琳，祁巍锋 . 紧凑城市理念与测度研究进展及思考 [J]. 城市规划学刊，2007，4：65-73.

[3] 张婧 . 面向低碳目标的城市群紧凑发展策略研究 [A]. 中国城市规划学会、重庆市人民政府 . 规划创新：2010 中国城市规划年会论文集 [C]. 2010：11.

[4] 潘海啸 . 面向低碳的城市空间结构——城市交通与土地使用的新模式 [J]. 城市发展研究，2010，1：40-45.

[5] 潘海啸，汤諹，吴锦瑜，卢源，张仰斐 . 中国"低碳城市"的空间规划策略 [J]. 城市规划学刊，2008，6：57-64.

[6] 周潮，刘科伟，陈宗兴 . 低碳城市空间结构发展模式研究 [J]. 科技进步与对策，2010，22：56-59.

[7] 石羽，运迎霞．低碳视角下的城市群空间布局研究 [J]．建筑与文化，2016，7：96-97.

[8] 王可达，张军．构建广佛肇低碳城市群的对策研究 [J]．探求，2013，2：36-42.

[9] 郑金铃．城市、城市群与居民碳排放——基于紧凑空间形态的研究 [J]．经济与管理，2016，1：89-95.

[10] 郑伯红，周刃荒，王志远．基于空间紧凑度的城市碳排放强度研究——以长沙为例 [A]．中国城市规划学会、南京市政府．转型与重构——2011中国城市规划年会论文集 [C]．2011：8.

[11] 王志远，郑伯红，陈祖展．城市空间形状与碳排放强度的相关性研究——基于我国35个城市的分析 [J]．城市发展研究，2013，6：8-15.

[12] 中国科学院可持续发展战略研究组．2009中国可持续发展报告：探索中国特色的低碳道路 [M]．北京：科学出版社．2009：67.

[13] 碳排放量的计算方法及与电的换算公式 [EB/OL]．http：//www.hpnet.com.cn.2009-12-10.

[14] Gottmann J. Megalopolis or the Urbanization of the Northeastern Seaboard[J]. Economic geography，1957：189-200.

[15] N. Ginsburg. The dispersed metropolitan：The case of Okayama [J]. Toshi Mondai，1961：631-640.

[16] McGee T G. The emergence of desakota regions in Asia：expanding a hypothesis[J]. The extended metropolis：Settlement transition in Asia，1991：3-25.

[17] 马国霞，甘国辉．区域经济发展空间研究进展 [J]．地理科学进展，2005，24（2）：90-99.

[18] 陆大道．论区域的最佳结构与最佳发展——提出"点—轴系统"和"T"型结构以来的回顾与再分析 [J]．地理学报，2001（2）：127-135.

[19] 杨吾扬，梁进社．高等经济地理学 [M]．北京：北京大学出版社，1997：323-338.

[20] 牛亚菲．中心地模式的实验研究——江苏省赣榆县和灌云县城镇网的优化设计 [J]．地理学报，1989（2）：167-173.

[21] 叶大年．地理与对称 [M]．上海：上海教育出版社，2000.

[22] 陆玉麒．中国区域空间结构研究的回顾与展望 [J]．地理科学进展，2011，21（5）：468-476.

[23] 于洪俊，宁越敏．城市地理概论 [M]．合肥：安徽科学技术出版社，1983.

[24] 姚士谋．中国的城市群 [M]．合肥：中国科学技术大学出版社，1992.

[25] 张京祥，崔功豪．城市空间结构增长原理 [J]．人文地理，2000，15（2）：15-18.

[26] 朱英明．城市群经济空间分析 [M]．北京：科学出版社，2004.

[27] 薛东前，孙建平．城市群体结构及其演进 [J]．人文地理，2003，18（4）：64-68.

[28] 谭遂，杨开忠，荀丽娜，等．一种基于自组织理论的城市与区域空间格局演变模型

研究 [J]. 经济地理，2003，23（2）：149-153.

[29] 张志斌，靳美娟. 21 世纪深港城市发展及其空间整合 [J]. 地域研究与开发，2004，23（2）：17-20.

[30] 王家庭. 基于低碳经济视角的我国城市发展模式研究 [J]. 江西社会科学，2010，3：85-89.

[31] 刘志林，戴亦欣，董长贵，齐晔. 低碳城市理念与国际经验 [J]. 城市发展研究，2009，6：1-7+12.

[32] 诸大建，陈飞. 上海发展低碳城市的内涵、目标及对策 [J]. 城市观察，2010，2：54-68.

[33] 何涛舟，施丹锋. 低碳城市及其"领航模型"的建构 [J]. 上海城市管理，2010，1：55-57.

[34] 李克欣，张力. 低碳城市建设及智能城网应用研究 [J]. 城市观察，2010，2：80-86.

[35] 李增福，郑友环. "低碳城市"的实现机制研究 [J]. 经济地理，2010，6：949-954.

[36] 夏堃堡. 发展低碳经济实现城市可持续发展 [J]. 环境保护，2008，3：33-35.

[37] 付允，汪云林，李丁. 低碳城市的发展路径研究 [J]. 科学对社会的影响，2008，2：5-10.

[38] 中国能源和碳排放研究课题组. 2050 中国能源和碳排放报告 [M]. 北京：科学出版社，2009.

[39] 袁晓玲，仲云云. 中国低碳城市的实践与体系构建 [J]. 城市发展研究，2010，5：42-47.

[40] 王玉芳. 低碳城市评价体系研究 [D]. 河北大学，2010.

[41] 邱敏芳，周璐. 低碳经济的发展途径之一：低碳城市 [J]. 现代商业，2010，8：257.

[42] 单晓刚. 从全球气候变化到低碳城市发展模式 [J]. 贵阳学院学报（自然科学版），2010，1：6-13.

[43] 毕军. 后危机时代我国低碳城市的建设路径 [J]. 南京社会科学，2009，11：12-16.

[44] 李向阳，黄芳，李瑞晴. 低碳城市理论和实践的发展、现状与走向 [J]. 甘肃行政学院学报，2010，3：20-30.

[45] 赵继龙，李冬. 零碳城市理念及设计策略分析 [J]. 商场现代化，2009，16：99-100.

[46] 龙惟定，白玮，梁浩，范蕊，张改景. 低碳城市的城市形态和能源愿景 [J]. 建筑科学，2010，2：13-18、23.

[47] 卢婧. 中国低碳城市建设的经济学探索 [D]. 吉林大学，2013.

[48] 张泉，叶兴平，陈国伟. 低碳城市规划——一个新的视野 [J]. 城市规划，2010，2：13-18.

[49] 庄贵阳. 低碳经济引领世界经济发展方向 [J]. 世界环境，2008，2：34-36.

[50] 叶祖达. 碳排放量评估方法在低碳城市规划之应用 [J]. 现代城市研究，2009，11：20-26.

[51] 黄辉. 大巴黎规划视角：低碳城市建设的启示 [J]. 城市观察，2010，2：29-35.

[52] 郎一环，李红强. 构建城市低碳能源体系的国际经验与中国行动 [J]. 中国能源，2010，7：11-16.

[53] 倪外，曾刚. 低碳经济视角下的城市发展新路径研究——以上海为例 [J]. 经济问题探索，2010，5：38-42.

[54] 刘志林，戴亦欣，董长贵，齐晔. 低碳城市理念与国际经验 [J]. 城市发展研究，2009，6：1-7.

[55] 张英杰，霍燚. 城市增长与生活碳排放的理论研究 [J]. 城市观察，2010，2：69-79.

[56] 王可达. 建设低碳城市路径研究 [J]. 开放导报，2010，2：33-36.

[57] 诸大建，陈飞. 上海发展低碳城市的内涵、目标及对策 [J]. 城市观察，2010，2：54-68.

[58] 毕军. 后危机时代我国低碳城市的建设路径 [J]. 南京社会科学，2009，11：12-16.

[59] 戴星翼，陈红敏. 城市功能与低碳化关系的几个层面 [J]. 城市观察，2010，2：87-93.

[60] 戴星翼. 论低碳城市的推进架构 [J]. 探索与争鸣，2009，12：64-67.

[61] 连玉明. 低碳城市的战略选择与模式探索 [J]. 城市观察，2010，2：5-18.

[62] 李东升. 全球化与城市发展的低碳模式探析 [J]. 创新，2010，4：19-21.

[63] 辛章平，张银太. 低碳经济与低碳城市 [J]. 城市发展研究，2008，4：98-102.

[64] 单晓刚. 从全球气候变化到低碳城市发展模式 [J]. 贵阳学院学报（自然科学版），2010，1：6-13.

[65] 陈群元，喻定权. 我国建设低碳城市的规划构想 [J]. 现代城市研究，2009，11：17-19.

[66] 谭富. 发展低碳经济建设低碳城市 [J]. 科技信息，2010，5：545.

[67] 梁浩，龙惟定，刘芳. 广西北部湾经济区构建低碳城市的思考与建议 [J]. 中国人口·资源与环境，2010，S1：398-401.

[68] Kennedy C, Steinberger J, Gasson B, Hansen Y Hillman, T, Havranek Met. al. Greenhouse Gas Emissions from Global Cities[J]. Environmental Science and Technology, 2009, 43（19）: 7279-7302.

[69] Taniguchi M, Matsunaka R & Nakamichi K. A Time-series Analysis of Relationship Between Urban Layout and Automobile Reliance: Have Cities Shifted to Integration of Land use and Transport? [OL]. http://library.witpress.com/pages/PaperInfo.asp?PaperID=19423. 2008.

[70] Grazi F, Bergh J, Ommeren J. An Empirical Analysis of Urban Form, Transport, and Global Warming[J]. The Energy Journal, 2008, 29（4）: 97-122.

[71] Wahlgren I. Eco Efficiency of Urban Form and Transportation [J].Proceedings of the ECEEE 2007 Summer Study, Panel 8（Transport andMobility）[C].The European Council for an Energy Efficient Economy（ECEEE）. 2007.

[72] Bagley M N, Mokhtarian P L. The Impact of Residential Neighborhood Type on Travel Behavior: A Structural Equations Modeling Approach [J].The Annals of Regional Science, 2002, 36（2）: 279 ~ 297.

[73] Gleaser E L, Kahn M E. The Greenness of Cities: Carbon Dioxide Emissions and Urban Development[J].Journal of Urban Economics, 2008, 67（3）: 404-418.

[74] Sovacool B K, Brown M A. Twelve Metropolitan Carbon Footprints: A Preliminary Comparative Global Assessment[J].Energy Policy, 2009, 38（9）: 4856-4869.

[75] Ewing R, Bartholomew K, Winkelman S, et al. Growing cooler: the evidence on urban development and climate change [J]. Journal of the American Planning Association, 2008, 75（1）: 6-13.

[76] Simma A. Interactions Between Travel Behaviour, Accessibility and Personal Characteristics: The Case of Upper Austria[J]. European Journal of Transport Infrastructure Research, 2003, 3（2）: 179-197.

[77] Næss P. Urban Structures and Travel Behaviour: Experiences from Empirical Research in Norway and Denmark[J]. European Journal of Transport Infrastructure Research, 2003, 3（3）: 155-178.

[78] Fouchier V. Urban Sprawl, Density and Mobility in the Case of Paris Region[J]. French National Territorial Planning Agency, Paris, 2004.

[79] Brownstone D. Key relationships between the built environment and VMT. Paper prepared for the committee on the relationships among development patterns, vehicle miles traveled, and energy consumption[J]. Transportation Research Board and the Division on Engineering and Physical Sciences, 2008.

[80] Heres-Del-Valle D, Niemeier D. CO_2 emissions: Are land—use changes enough for California to reduce VMT? Specification of a two—part model with instrumental variables[J]. Transportation Research Part B: Methodological, 2011, 45(1): 150-161.

[81] National Research Council. Driving and the Built Environment: The Effects of Compact Development on Motorized Travel, Energy Use, and CO_2 Emissions—Special Report 298[M]. National Academies Press, 2010.

[82] 牛桂敏. 城市生态交通系统及其构建机制 [J]. 天津行政学院学报, 2008, 3: 57-60.

[83] 顾朝林，谭纵波，刘宛. 低碳城市规划：寻求低碳化发展 [J]. 建设科技, 2009, 15: 40-41.

[84] 彭文斌，吴伟平，李志敏. 环境规制视角下污染产业转移的实证研究 [J]. 湖南科技大学学报（社会科学版）, 2011, 3: 78-80.

[85] 瞿理铜. 长株潭低碳城市群发展模式研究 [J]. 湖南行政学院学报, 2011, 3: 58-61.

[86] 陆小成，骆慧菊. 两型社会建设中的长株潭低碳城市群发展对策研究 [J]. 城市观察, 2010, 5: 156-163.

[87] 刘细良，秦婷婷.低碳经济视角下的长株潭城市群交通系统优化研究 [J].经济地理，2010，7：1124-1128.

[88] 彭文斌，张敏，邝嫦娥."两型社会"视角下的长株潭城市群低碳经济研究 [J].经济研究导刊，2010，8：84-85.

[89] 杨朝远.长三角城市群碳排放与低碳城市研究 [D].广西师范大学，2013.

[90] 黄伟，沈跃栋.长三角发展低碳经济的思考 [J].上海电力，2010，1：13-16.

[91] 章树荣.加强地区合作大力推进低碳经济发展——第六届长三角能源科技论坛在南京召开 [J].上海节能，2009，12：46.

[92] 张焕波，齐晔.中国低碳经济发展战略思考:以京津冀经济圈为例 [J].中国人口.资源与环境，2010，5：6-11.

[93] 周婕，蒲向军.低碳经济视角下的中部城市群生态保护与发展——以武汉"1+8"城市圈为例 [A].中国城市规划学会、重庆市人民政府.规划创新:2010中国城市规划年会论文集 [C].中国城市规划学会、重庆市人民政府，2010：8.

第五章　基于低碳视角的城市空间布局优化

合理引导城市空间布局是城市实现低碳发展的必由之路。探索城市空间布局的低碳发展模式，以及如何通过规划来实现城市空间布局低碳化是目前城市规划的重要研究内容。本章基于碳排放的中国城市空间布局变化，识别目前我国城市空间布局高碳化的问题，分析了低碳城市空间布局的特征，总结出目前低碳城市空间发展的三种模式，即紧凑多中心、公交主导型以及生态主导型空间模式，从人口密度、土地利用方式、交通系统及绿地体系等四个方面，分析了影响低碳城市空间布局模式的各个因素，结合国际上低碳城市建设的经验，提出了我国实现城市空间布局低碳化的规划对策。

一、低碳城市空间布局的典型特征及模式

我国正处于经济快速增长、城市化进程不断深入、碳排放显著增加的发展阶段。改革开放以来，我国城市空间结构模式也由最早的单中心、多中心或混合结构，逐渐形成了传统稳定增长的"外溢式"模式、高速发展下的"跨越式"模式、单中心块聚式模式、走廊城市模式和多中心网络式模式（吕斌等，2012；周潮等，2010）。这些城市空间结构模式的提出，对我国在城市化中期阶段解决城市规模不经济等问题发挥了重要作用。

（一）低碳城市的空间结构的典型特征

在不同社会经济发展水平条件下，城市空间结构及其模式会发生相应的变化。一般可分为核心城市、星形城市、卫星城市、线形城市、多中心网络城市。其中核心城市、星形城市、卫星城市、线形城市可被视为单中心城市。这些城市模式的关键区别是建成区的离散程度以及公共服务设施的分散化程度。

单中心的空间结构核心城市具有较高的密度和城市活动强度，但同时也由于单中心带来物质流和交通流的集聚（吴健生等，2016）。核心城市的密度可高达350人/公顷，我国个别城市高达600人/公顷，如上海的黄浦区。星形城市是以从中心放射状交通线路，辅以同心环路为特征的城市模式，有高密度、城市功能混合的城市中心，如哥本哈根，同时留有开敞空间的楔形绿地作为带状发展区域。但如果城市蔓延扩展，会加大放射交通线与环路的交通压力。卫星

城市是指大城市管辖区范围内与中心城市有一定距离，但既有一定联系，又按规划建成自成体系的具有相对独立和一定规模的城市。但卫星城市的功能单一，中心城市很难将溢出的人口安置在卫星城市中。多中心网络城市如同分散化的大城市形态，在交通节点上有比较高的城市密度与活动强度，在交通走廊上有密集的线形城市带，节点和线形密集带附近密度较大，有一定的楔形绿地和绿带（Nuissl H, et.al, 2013）。城市中心之间，高密度的城市带沿交通走廊发展，而在节点与线形带以外的地区，城市开发强度降低（Banister D, 2007）。

不同的城市规模下也表现出不同的空间结构和形态。其中，特大城市与大城市一般选择多中心组团式空间结构，城市内部存在一个强核心，承担城市核心功能，并对周边区域的发展提供支撑作用，而周边区域以组团的形式存在，也具有一个相对独立的中心，各组团和小中心之间通过高速交通系统相互连接，城市中心及组团内部之间通过高效的轨道交通或公共交通枢纽等连接，核心与组团之间辅以绿楔和绿化带引导城市核心和组团间隔发展，实现地块之间有序疏解和高效衔接（龙惟定等，2010）。相比之下，中等城市和小城市则通常以单中心控制型的空间形态，以中心城区为核心高度集中实现高强度开发模式，但城市的空间发展以绿带作为城镇开发边界。

无论是城市的空间结构呈现的是单中心、多中心还是混合型结构特征，在构建低碳的城市空间布局框架下，城市的空间增长均呈现出空间形态紧凑性、交通结构多元性、社会功能复合性、生态空间网络性等特性。

1. 空间形态紧凑性

低碳城市的空间形态紧凑性包含两个内容，即空间紧凑布局和空间紧凑拓展，分别对应低碳城市静态和动态发展特征。静态的低碳城市应具备紧凑型的空间布局特征，并通过规划建设高密度、功能混用的紧凑型城市来实现。城市空间紧凑布局的优点在于出行较少依靠小汽车，减少能源的消耗，支持公共交通和步行、自行车出行，对公共服务设施有更好的可达性，对市政设施和基础设施供给的有效利用，从而减少交通出行而造成的碳排放。需要指出的是，低碳城市和紧凑城市之间是存在细微差别的，低碳城市空间形态的紧凑性特征是偏向于城市内部功能布局的紧凑，而不是外部轮廓的紧凑（吕斌，2013）。动态的低碳城市空间增长的紧凑性是相对于城市蔓延而言，城市空间布局低碳化的实现与否是城市在整个规划期内由规划布局和空间发展时序共同作用的，低碳城市总体布局在城市近期、远期规划的实施过程中也能够"紧凑发展"才是城市低碳布局蓝图实现的必要条件。

2. 交通结构多元性

低碳城市是建立在以公共交通为导向的城市发展模式，能够避免由于小汽车的大规模使用而造成城市拥堵、能耗增加以及城市空间蔓延等城市病。低碳城市的交通系统与土地利用混合、居民出行结构相关。以低碳视角的城市交通结构是以短距离、公共交通为主，长距离、快行交通为辅。其中短距离的出行需求通过步行或者慢行交通的方式，长距离的出行需求采用地铁、轻轨、快速公交车或小汽车的方式。因此，为适应不同城市特点、人口规模和经济发展水平，低碳城市在开发建设时，应沿公共交通干线、轨道交通站点、城市慢行网络等地进行功能布局（李保华，2013），实现城市宏观尺度上混合交通为主、中观层面公共交通为主导以及社区内部步行与自行车主导的多元交通结构。

3. 社会功能复合性

社会功能的复合性体现在两个层面，区域尺度层面上以职住空间平衡为特征，社区尺度上以地块功能多样化为特征。其中，区域尺度上，低碳的城市空间结构能够很好地平衡产业空间和居住空间。全局角度上产业的区域布局与周边区域产业规划良好衔接和协作，在其他配套产业上能和周边区域融合，在空间上产业的集聚能够产生最大效益；其次，在社区尺度上，低碳城市强调土地混合利用，地块的功能呈现多样性，以减少居民出行的需求，缩短出行距离和时间，既能方便居民生活、工作和出行，又能满足对商务办公、文化娱乐、居住、商业等公共服务设施的需求，是城市功能集约化开发的体现，具有开放融合的、高度集中等特征。

4. 生态空间网络性

作为城市的唯一碳汇，绿地系统构成的生态空间是低碳城市极为重要的一环。低碳城市的绿地系统是协调人、城市和自然之间的关系和谐发展的重要角色，具有自然的碳汇功能、冷岛功能以及满足居民休闲的娱乐功能等。国外的研究发现生态空间的合理布局所产生的碳减排作用可能要比绿地系统自身的碳汇作用还要高（American forests, 2010）。低碳城市的生态系统在空间布局上具有自然生态性、整体均衡性、网络连续性、景观可达性的特征。自然生态性是指绿地系统是基于城市的自然资源禀赋建立的，低碳城市的绿地系统是因地制宜地结合自然景观对其利用和建设。整体均衡性是指绿地系统的冷岛效应仅在较小的辐射范围才能发挥作用，低碳城市的生态空间应是整体均衡分布，比例合理。网络连续性是指山、水、林、田、湖、草等不同类型的生态景观有机融合，共同发挥自然碳汇和人文观赏等功能。景观可达性是指生态空间要充分考虑居民的出行距离，能够充分平衡居住和交通的需求，最大限度地发挥生态空间的服务功能。

（二）低碳城市空间布局的衡量指标

国内外学术界关于低碳城市的指标大部分以构建低碳经济社会为出发点，涉及城市内部建筑、人口和产业布局、交通设施以及自然环境等方面的内容，比较有代表性的是《2009 年中国可持续发展战略报告》中从经济、社会和环境3 方面提出了低碳城市的指标体系；中国城市科学研究会也提出了低碳城市规划的指标评价体系框架，包括了居住环境、土地利用和交通出行 3 个准则层共

10 个细化指标；2010 年由社科院发布的包括低碳产出、低碳消费、低碳资源和低碳政策 4 个方面在内共 12 项的指标体系。总体来看，关于低碳城市的这一指标体系已很完善，而在空间规划层面对城市空间低碳化的衡量指标方面似乎与之重叠性较高。为了明确城市空间布局如何实现"低碳化"，结合上文分析的低碳城市空间结构的四个主要特征，本报告从空间形态紧凑性、交通结构多元性、社会功能复合性、生态空间网络性 4 个方面试图梳理和构建低碳城市空间布局的衡量指标，为刻画和评价低碳城市空间布局的特征提供参考（表 5-1）。

低碳城市空间布局的衡量指标 表 5-1

类型	指标	参考值
空间形态紧凑性	城市形态紧凑度	建成区周长与最小外接圆周长之比
	城市人口密度	$\geq$ 1 万人 /km^2
	土地开发密度	—
	单位面积土地空间利用效率	—
	人均建设用地	$\leq$ 80m^2/ 人
	通勤时间	时间差 < 1.5h
	地下空间开发利用率	$\geq$ 5%
交通结构多元性	通勤时间小于 1h 比例	> 85%
	路网密度	—
	公交分担率	$\geq$ 60%
	万人拥有公共汽车数	20 辆
	公交线网密度	3km/km^2
	轨道交通里程数	280km
	步行和自行车出行分担率	$\geq$ 40%
	慢行交通路网密度	3.7km/km^2
	绿色交通出行比例	$\geq$ 80%
	到达 BRT 站点的平均步行距离	500m
	公共汽车站点 300m 覆盖率	100%
	轨道交通与快速公交站点 800m 覆盖率	100%
社会功能复合性	建筑用地容积率	—
	建筑密度	—
	混合用地比例	—
	就业住房平衡指数	$\geq$ 50%
	1km 内有公共场所和设施的居住区比例	100%
	步行 500m 范围内有免费文体设施的社区比例	100%
	300m 内有基本便民设施的居住区比例	100%

类型	指标	参考值
生态空间网络性	建成区绿化覆盖率	≥ 45%
	绿容率	大于1.5
	人均公共绿地	≥ 15m²/人
	城市人均公园绿地面积	≥ 12m²
	城市公园绿地服务半径覆盖率	80%

资料来源：《2009年中国可持续发展战略报告：探索中国特色的低碳道路》《中国低碳生态城市发展战略》《深圳国际低碳城空间规划指标体系构建研究》。

（三）低碳城市的空间布局模式

1. 紧凑多中心空间结构空间布局模式

紧凑多中心空间结构模式是有效控制城市蔓延的空间结构模式，具有高密度、高容积率、高层错落有致等内涵，遵循土地混合利用、合理的街区大小、公共交通高可达性水平的开发强度原则，主要体现在提高密度、加强用地功能混合、发展公共交通等方面。提高密度既可以是人口密度、经济密度、建筑密度或是道路路网密度等。通常人口密度越大，越能够在有限的区域内实现高效利用土地，促使土地利用的集约化（仇保兴，2009）。同时高密度人口对城市地块功能的需求不同，人口的增长和流动在对城市空间布局产生变化的同时，也能保障城市土地利用功能复合多样，紧凑的功能空间布局会大幅改善居民的出行行为，减少居民的出行距离，从而减少碳排放量（柴彦威等，2010）。然而，高密度人口也会造成交通拥堵，对能源的需求就越大，导致了碳排放量的增加。

加强用地功能混合方面，紧凑型的空间模式通过引导城市各项公共服务设施及功能的合理分区，完善基础设施布局，可以改变现有土地规划中绿色生态体系和交通体系不足的局面，避免建成区用地规划的区划划分导致的能源大量消耗，丰富城市功能。发展公共交通方面，紧凑型的城市主要以短路径出行为目标，基于街区尺度大小的地块功能多样、人口集中等特征，实现点与点之间步行或采用公共交通来完成，从而减少由于交通消耗能源引起的碳排放的增加。同时，紧凑的城市形态也影响市区供暖和冷却系统，有利于采用热电联产（张衔春等，2011），有利于节约资源和减少碳排放量。

2. 公交主导型空间布局模式

城市交通体系的空间布局直接影响了城市的空间结构形态，城市交通体系合理完善与否直接决定了城市能源消耗量和碳排放量的大小。低碳城市空间规划，就是降低城市交通部门产生的碳排放量，也就是统筹考虑人口和经济活动在空间的合理布局，即合理安排人口和产业空间在条件适宜的地方集聚和疏散，达到减少社会经济活动中产生的碳排放量的目的（邬尚霖，2016）。因此，构建绿色公共交通城市空间结构模式是实现城市发展与交通碳排量脱钩方案的主要途径，特别是在大城市或特大城市中，此模式得到了充分的体现（中国城市科学研究会，2010）。考虑到轨道交通的建设周期长、建设投入大，且对客流量的要求较高，因此，针对超大、特大、大型城市人口集中的特征，发展以快速交通为主导、轨道交通为辅的公共交通体系更为适宜；针对中等城市和小城市而言，构建衔接畅通、多元化的公共交通体系更为适宜，重点发展公共交通服务，以满足中短途的交通需求。

3. 生态主导型空间布局模式

生态主导型空间布局模式的城市是基于生态城市的理念，围绕城市的一部分永久性绿地、水源或农田等自然空间，打造城市的"绿楔"、"绿带"和"绿心"等人工空间布局，强化了自然空间和人工空间的融合，以加强对二氧化碳的捕捉和碳汇，构建可持续的城市空间结构体系。同时，结合城市交通体系规划，通过绿色交通廊道和绿化通道规划布局，将新的开发区域集中于公共交通枢纽，引导城市沿着生态走廊的方向发展。通常对于具有河流、绿地、农田、自然景观等开放空间的城市，在进行城市空间规划布局时采用生态主导型的空间结构模式更为合理（丁成日，2005）。

低碳城市空间的紧凑多中心、公共交通主导或生态主导等结构模式对不同类型城市空间布局实现低碳化等起到了推动作用。总体上，城市空间布局低碳优化应当遵循三个原则：一是以短路径出行为目标的功能混合；二是以公共交通的可达性水平来确定开发强度；三是构建生态空间以控制城镇开发边界（潘海啸等，2008）。上文梳理的三种低碳城市空间布局模式并非单独存在，《国家新型城镇化规划（2014—2020）》提出，未来城镇化开发应以密度较高、功能混用和公交导向的集约紧凑型开发模式成为主导，实现人均城市建设用地严格控制在 $100m^2$ 以内，建成区人口密度逐步提高的目标。紧凑的城市空间结构若密度过高则会产生一定的交通和环境问题，但在发展紧凑型城市时也要考虑到优先发展公交体系、构建绿色开敞空间等方面，共同实现"低碳"的城市发展目标。因此，构建可持续发展的低碳城市空间结构，需要综合运用多个空间结构模式，通过它们的共同作用，使城市发展向低碳生态目标推进。

二、影响城市空间布局低碳化的因素

上文从城市空间布局的角度，分析了我国目前城市建设的高碳化的问题，主要存在于功能空间布局失衡、交通体系不完善、城市生态遭到破坏以及规划层面难以统一协调等方面。实现城市空间布局低碳化当然也受到其他多方面因素的影响，其中，人口密度、城市内部交通方式、土地利用以及城市的建筑景观布局是影响低碳城市空间结构的主要因素（Cervero R et al.，1997）。城市人口密度与城市低碳目标实现的关系是通过密度控制实现城市的紧凑发展的。城市交通决定城市街区的密度和尺度，而城市空间结构决定了交通供给能力和居民的出行方式。针对我国国情，城市土地使用与交通发展新模式应是优先发展步行和自行车，然后是大运量、高效率的公共交通，并控制机动车的发展。城市土地利用情况可以从生态分区、产业用地布局、居住用地布局、公共服务设施布局等方面影响城市空间及功能的合理布局。城市建筑空间布局包括城市建筑布局、绿地系统的规划建设。比较理想的城市建筑空间布局应将一些尺度较大、高度较高的高层或超高层建筑布置在城市中心附近，而比较低矮的建筑宜布置在城市边缘区域，以免影响市区的空气交换频率。此外，在城市边缘区建设和保留大面积绿地，并结合城市水系、城市绿化、城市道路等，设置"绿色风廊"，以降低"热岛效应"（图 5-1）。

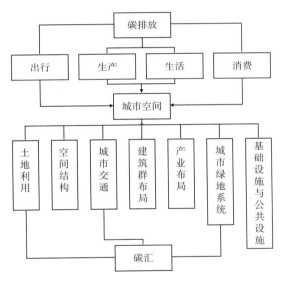

图 5-1　碳排放与城市空间要素间关系

（一）人口密度

　　人口密度的大小决定着居民生活碳排放的强度。随着中国城市化进程的不断加速，城市人口的不断集聚加剧了城镇化空间的碳排放量及排放强度（柴志贤，2013）。从我国地级市人口密度和二氧化碳排放总量的变化趋势来看，二者的区域差异性十分明显。我国地级市人口密度、二氧化碳排放量表现出由东部沿海地区向西部地区递减的趋势，经济发展较快的地区集聚了较多的人口，如京津冀城市群、长江三角洲城市群和珠江三角洲城市群，作为我国区域经济的增长极，城市人口密度、二氧化碳排放总量均较大的区域。城市生活能耗二氧化碳排放总量的分布格局同样表现为东部城市排放总量最高，中部城市次之，西部城市排放总量最低。

通过对 2003 年、2014 年各地级市碳排放量与市辖区人口密度进行相关性分析，可知 2003 年二者在 0.05 水平上显著相关，相关系数为 0.148，到 2013 年二者在 0.01 水平上显著相关，相关性系数为 0.254。可以看出，提高人口密度有利于减少碳排放量，且随着城市化进程的加快，各城市的碳排放量与市辖区人口密度的相关性在进一步提升，各城市的碳排放量随着市辖区人口密度的增加而增加。

（二）土地利用方式

相关研究表明，城市密度和人均年汽油消耗量呈现显著的负相关，即城市密度越大，燃油消耗量越小。高密度的城市往往是土地混合利用和空间集聚的形态，土地高效混合使用能有效抑制街区的高碳出行，这就意味着居住地、就业空间及公共服务设施之间有较高的空间匹配程度，从而提高了城市通达性，缩短了通勤距离，改善了交通出行结构，降低了由于交通而产生的高碳效应。一般而言，城市地块尺度一般为 200m×200m，对于步行（步行速度为 4 ~ 5km/h）较为适宜。商业设施应沿交通流呈线性连续布置（陈锦富等，2012），在具备良好的交通可达性的同时形成规模效应。

（三）功能多样的交通体系

紧凑式土地开发以及处理好土地开发与交通的关系无疑是减少城市机动车依赖的重要手段，但仅依靠这些手段仍然难以实现控制机动车拥有量与排放量的目标。已有研究证实在中心城区过多强调快速路网、高效率的机动车交通系统是收效甚微的。例如，中小城市为了充分发挥城市的聚集效应，可以采取集中式、方格网的布局模式，使其交通距离最短（和红星等，2012）。如果不配合一些措施来增加机动车出行的经济成本与时间成本，而仅仅依靠增加城市密度与土地混合使用程度等土地利用政策，节能减排的效果是非常有限的。

（四）绿地体系

城市绿地系统是城市区域内唯一的自然碳汇，能够在固碳释氧、降低城市热岛效应、减少建筑能耗、引导绿色交通等方面间接减排，通过合理的布局，减少城市的总体能耗，达到城市空间布局低碳化的效应。城郊边缘地带是城市和郊区的气候过渡带，良好的城乡边缘结构有利于将郊区的自然风导入市区。增加城郊边缘地带的相交程度，如哥本哈根指状交错状的城市边缘形态，通过缩短郊区至城市内部的通风道距离，不仅改善了城市的通风状况，缓解城市热岛效应，也控制了城市的无序蔓延。

三、基于碳排放的我国城市空间布局变化

（一）我国城市建设用地扩张趋势显著

从低碳城市空间布局的角度来看，城市建设用地包括居住用地、公共管理与公共服务用地、商业服务业设施用地、工业用地、物流仓储用地、交通设施用地、公共设施用地、绿地。而建成区是指市行政区范围内经过征收的土地和实际建设发展起来的非农业生产建设地段。城市化速度的提升必定会以一定的建设用地作为生产生活的保障，随着城市化规模的不断增加，各项建设用地对土地的需求日益增强。建设用地和建成区面积的变化可作为城市开发利用空间的扩展情况的重要指标。《中国城市建设统计年鉴》的数据显示，我国城市建设用地扩张趋势显著，城市建设用地面积从 1981 年的 6720km² 扩增至 2016 年的 5.28 万 km²，增长了 7.85 倍，年均增长率达 6.25%。人均城市建设用地也居高不下。2016 年中国城市人均建设面积为 130.92m²，大大超出国家标准的 85.1 ~ 105.0m²/人，也明显高于发达国家人均 84.4m² 和其他发展中国家人均 83.3m² 的水平。

随着我国城镇化进程的不断深入，城市开发利用的空间范围扩大的现象最为显著。1980 ~ 2016 年，60% 以上的中国地级以上城市，其城镇建设用地扩张态势明显，京津冀、长三角和珠三角地区的城市扩张程度最为显著。以京津冀地区为例，2016 年，京津冀城市群中 13 个城市的中心城区建设用地总规模比 2002 年增长了 42%，特别是大城市普遍"摊大饼"式外延扩张发展。随着京津冀地区城市化率的进一步提高，城市人口数量的增长必然使得建设用地需求与日俱增。1994 ~ 2016 年，北京、上海、广州、深圳这四个超大城市的城镇建设用地分别增大了 1.81、5.14、3.72 和 3.49 倍。由此可见，随着城镇化对土地资源的需求量的不断增加，城市基础设施、交通、公共服务设施等都对城市空间的扩展产生影响。从建设低碳城市空间布局的角度，2003 ~ 2014 年中国各城市建成区面积的变化趋势来看，建成区面积增加的城市个数大幅增加，整体上呈现出由东部沿海向中西部地区延伸的趋势。然而，城市建成区面积的扩大理论上还应产生相应的人口集聚效应，但目前我国城市的土地城镇化速度快于人口城镇化的速度，一些城市建设用地在大幅扩张的同时，并不是伴随着人口的进一步集聚，而是伴随着人口密度的稀释。

从土地征用的情况来看，2003 年、2016 年中国各城市征用耕地面积分别为 573.7km²、775.76km²，分别占当年征用土地总面积的 49.12%、45.27%，各城市征用耕地面积有下降的趋势，且程度在减轻。

（二）土地城镇化率显著大于人口城镇化率

近年来我国城市建设用地无序蔓延问题严重，城镇土地增长普遍快于城镇人口增长的现象在国际和国内都表现得较为显著。据美国人口普查局统计，1950～1980年间，美国100万人以上的大城市人口增加了74.5%，城市建设用地增加了221.6%，城市人均用地从434.7m²增加至801.1m²，增加了84.3%。相比之下，2000～2016年，我国城镇人口从45906万人增加到79298万人，增加了72.74%，城市建设用地从22114m²增加到52716m²，增加了138.38%。人均建设用地居高不下，明显高于发达国家水平。根据第五次人口普查数据，2000年全国600多个城市平均人均用地为82m²/人（此处采用城市平均人口为指标，低于按非农业人口计算的数值），到2016年，我国城市平均人均用地为135m²/人，16年间增加了64.63%，城市用地增长率与城市人口增长率之比达1.90，远高于国际公认的合理阈值1.12。

利用2003年和2014年建成区土地数据和人口数据，通过计算2003～2014年城市用地规模增长弹性系数（即城市用地增长率与城市人口增长率之比）来刻画城市化过程中城市用地的蔓延情况（表5-2）。考虑到城市开发中可能存在土地类型已变更为建设用地，但实际上未开发利用的情况，研究采用建设用地而非建成区的面积增长率作为指标，该值高于以建成区面积增长率计算的弹性系数；考虑到人口的流动性以及人口集聚对碳排放量的影响，采用城区人口增长率作为指标。计算结果显示，我国城市用地弹性系数的差异显著，按城市规模分类来看，超大城市的弹性系数平均为2.33，特大城市的弹性系数均值为2.59，大城市的弹性系数均值为2.91，而中等城市和小城市的弹性系数为3.23，可见城市规模越大，土地利用越集约，而城市规模越小，土地利用越粗放。

2003～2014年全国各城市用地弹性系数分类表　　　　表5-2

人地关系变化类型	弹性系数	数量占比情况	地级市
人地规模收缩	<0	11.55%	阜新市、广州市、定西市、黄冈市、通化市、本溪市、绥化市、固原市、汕尾市、佳木斯市、齐齐哈尔市、双鸭山市、西宁市、黑河市、武汉市、荆门市、包头市、舟山市、鸡西市、宿州市、伊春市、延安市、岳阳市、吉林市、孝感市、七台河市、蚌埠市、吕梁市、乌兰察布市、临沧市、巴彦淖尔市、丽江市
人地关系协调	0～1.12	11.91%	石嘴山市、清远市、乌海市、丹东市、六盘水市、漯河市、梅州市、十堰市、随州市、宿迁市、潮州市、深圳市、淮南市、盐城市、绍兴市、杭州市、汕头市、芜湖市、邯郸市、南宁市、娄底市、白山市、连云港市、达州市、石家庄市、宝鸡市、珠海市、南通市、雅安市、商丘市、赣州市、遵义市、鹰潭市

人地关系变化类型	弹性系数	数量占比情况	地级市
土地有所扩张	1.12～5	41.16%	郑州市、扬州市、湘潭市、马鞍山市、阳泉市、新乡市、泰州市、防城港市、秦皇岛市、重庆市、南京市、哈尔滨市、周口市、克拉玛依市、黄石市、韶关市、衡水市、徐州市、茂名市、揭阳市、大同市、威海市、北京市、唐山市、营口市、酒泉市、长沙市、潍坊市、钦州市、驻马店市、张家口市、洛阳市、萍乡市、濮阳市、德州市、玉林市、嘉峪关市、银川市、平顶山市、辽阳市、朔州市、滨州市、梧州市、合肥市、佛山市、邢台市、乌鲁木齐市、桂林市、成都市、焦作市、贺州市、榆林市、贵港市、承德市、宜宾市、长治市、庆阳市、苏州市、六安市、盘锦市、福州市、晋城市、湛江市、自贡市、海口市、四平市、天水市、安阳市、运城市、青岛市、厦门市、柳州市、鹤壁市、锦州市、朝阳市、淮北市、亳州市、德阳市、兰州市、廊坊市、乐山市、南昌市、聊城市、东营市、三亚市、三门峡市、昆明市、抚州市、漳州市、晋中市、阜阳市、牡丹江市、昭通市、太原市、保定市、云浮市、张家界市、松原市、邵阳市、百色市、枣庄市、辽源市、咸阳市、无锡市、北海市、莆田市、呼和浩特市、金昌市、白银市、吉安市、南阳市、温州市、大连市、咸宁市
土地显著扩张	>5	35.38%	安庆市、上饶市、宜春市、天津市、沧州市、怀化市、汉中市、铜陵市、开封市、龙岩市、西安市、河池市、嘉兴市、鞍山市、长春市、绵阳市、大庆市、来宾市、临沂市、日照市、贵阳市、葫芦岛市、广元市、安顺市、曲靖市、肇庆市、渭南市、株洲市、上海市、鹤岗市、菏泽市、安康市、玉溪市、鄂州市、沈阳市、惠州市、鄂尔多斯市、新余市、信阳市、武威市、永州市、忻州市、台州市、吴忠市、宁德市、金华市、临汾市、济南市、赤峰市、常州市、郴州市、黄山市、益阳市、崇左市、白城市、淮安市、通辽市、广安市、丽水市、巴中市、遂宁市、眉山市、中山市、保山市、烟台市、泸州市、湖州市、淄博市、宁波市、九江市、许昌市、商洛市、南平市、平凉市、济宁市、南充市、衢州市、泉州市、池州市、宜昌市、荆州市、攀枝花市、镇江市、资阳市、常德市、滁州市、东莞市、铁岭市、衡阳市、莱芜市、宣城市、张掖市、内江市、抚顺市、泰安市、河源市、三明市、铜川市

总体上看，以土地显著扩张发展为主的城市占比近1/3、人口占比高达45.95%，建成区面积在50%以上；而1/4的城市数量、接近1/5的人口、1/7的建成区面积是以人口显著增长为特征的。本书进一步将弹性系数的计算结果把人地关系分为四类，即人地规模收缩、人地基本协调、土地有所扩张和土地显著扩张型。从空间分布来看，土地显著扩张的城市主要集中在珠三角、长三角、京津冀三大城市群、东北地区及东部沿海、沿江、沿线等经济相对发达地区，人地基本协调的城市分布重心则相对西移，除在东部沿海一些地带有所分布外，主要集中在胡焕庸线以东的中西部地区。弹性系数低于1.12合理水平的城市数量较少，主要分布在黑龙江省中西部、成渝北部、湖北中部、安徽和海南，主要是资源型城市，因资源枯竭、产业更替等原因导致人口集聚能力降低。

（三）不同城镇规模人均建设用地差异显著

不同规模、等级城市间的城市建设用地也存在差异。具体来看，2000年城市人口为2.09亿人，建成区面积2.23万km²；2010年城市人口达到3.54亿人，建成区面积4.15万km²；城市人口和建成区面积分别增加69.62%和85.67%。随着城市化进入中后期，中国城市人口聚集速度整体放缓，分化日趋明显。2001～2014年，5个超大城市常住人口总量年均增长从3.3%降至1.9%，但增速仍然最高，相较于全国人口年均增速0.57%、0.50%而言，中、小城市年均增速从0.6%降至0.4%。中、小城市人口从小幅净迁入转为明显净迁出，整体上进入人口停滞乃至人口萎缩阶段，但城市建设用地面积却没有减少。根据住房城乡建设部数据，2006～2016年20万人以下城市城区常住人口减少6.7%，但建成区面积却增长了21%，建成区面积增量占县级以上城市增量的3.7%；与此同时，1000万人以上城市城区常住人口增量占县级以上城市增量的16.36%，但建成区面积增量仅占8.64%（表5-3）。

2000年、2016年中国城市人口及建成区变化情况统计表　　表5-3

城市类别	2000年					2016年				
	城市数量/个	城区人口		建成区		城市数量/个	城区人口		建成区	
		数量/万人	比例/%	面积/km²	比例/%		数量/万人	比例/%	面积/km²	比例/%
超大城市	—	—	—	—	—	4	6593	16.36	4692	8.64
特大城市	37	8434	40.44	6738	30.17	6	2554	6.34	3868	7.12
大城市	52	3454	16.56	3670	16.34	67	13080	32.46	19114	35.18
中等城市	155	4775	22.9	5636	25.24	101	7270	18.04	10123	18.63
小城市	413	4193	20.1	6287	28.15	483	10803	26.81	16534	30.43
合计	657	20865	100	22331	100	661	40299	100.00	54331	100.00

从城市数量来看，中国城市数量呈金字塔形分布，且与城市规模成反比，由特大城市到小城市，城市数量依次增多。从人口占比的分布情况来看，大城市人口占比最高，为31.8%，其次为小城市；超大城市与中等人口所占人口比例相差不多，但均远高于特大城市。从各城市的建成区面积占比来看，大城市的建成区面积所占比例相应最高，达到43.15%，其次是中等城市20.61%，超大城市和小城市所占比例相差不多，而特大城市的占比为最少，仅6.65%。

从城市规模上看，2000～2016年以来，超大城市、特大城市和大城市以土地显著扩张为主，中、小城市以人口显著增长为主。一方面，城镇化率的不断提升增加直接导致城市用地扩张，而城市用地扩张又会将更多的农业人口转换为城市人口，由此导致以城市面积迅速扩张为主的土地城市化使农业人口向城市聚集。尤其是大城市、特大城市的升级，更多地为以房地产、新城建设等所带动的用地驱动型城市化，土地显著扩张占主导地位。另一方面，大量占用耕地资源也是我国城市用地扩张的主要途径。土地城镇化与人口城镇化发展比例的严重失调导致城市形态和布局分散化，呈现低密度发展趋势，加重了目前已经十分尖锐的耕地保护与城市用地扩张之间的矛盾，同时也给城市化带来了诸多隐患。

四、低碳视角下我国城市空间布局问题识别

（一）功能空间布局失衡

中国快速城镇化背景下，城市空间主要表现出分散扩张的发展态势，且主要是通过对城市周边地域的不断侵占来完成的。从80年代至今，各种产业园区、经济开发区的兴起，表现出了碎片化和动态式特征，由此也产生了众多的"空城""鬼城"等现象。然而，由于基础设施配套不完善，功能单一，这种类型地区发展速度较慢，难以集聚人口，造成了城市的盲目扩张蔓延。从国内外城市发展的规律来看，城市的发展一般选择组团式的发展形态。然而，多组团与单核心的城市布局适应条件不同。对于一般的中小城市，适宜发展交通走廊式现状城市或者根据地形地貌发展单核心模式，但该类型的城市发展到较大规模时，仍然采取这种布局形态，再叠加快捷的公共交通系统发育缓慢等问题，势必会改变原有的城市形态，导致城市内部的无序联结与拓展，造成人口过密、交通拥挤、环境恶化等一系列严重的"城市病"。多组团式的城市空间布局适用于规模较大的城市，一般市区人口规模在150万~200万人，甚至人口规模更大的城市才可以考虑多组团，中小城市一般受限于地形条件等因素，应因地制宜地选择符合城市特征的布局模式。

（二）交通与土地利用协调性低

一是城市空间功能失衡，土地利用单一化，大型居住区的郊区化等造成了通勤距离的显著增加，使得交通碳排放总量继续大幅增长。二是受限于城市空间的碳锁定效应，原有的城市空间布局难以改变，城市的骨干道路、轨道交通设施已无建设空间。而近年来随着城镇化进程的不断深入，越来越多的人口涌入城市也使得城市内部交通拥堵不堪。三是交通设施衔接不畅。公共交通基础设施不完善，快速路、轻轨、地铁等快速交通设施明显不足，不能满足城市的发展需求。四是交通路网不合理。随着城市中心的地价的不断攀升，高强度高密度的建设使得地块容积率超高，必然产生高强度的交通需求。另外，大街区、

大街坊的城市扩展模式使客流到公共交通枢纽站点步行的距离过长，人们不得不放弃步行的交通而改用机动化的交通，不便于培养高效率大运量公共交通的交通模式。

（三）职住分离现象突出

伴随着城市规模的不断扩大，城市空间的功能分化也日趋显著，产业空间和居住空间也发生了相应变化。以北京为例，城市呈现出典型的圈层状增长状态，由于"摊大饼"外延式扩张，劳动密集型产业的就业人口由城区至分散郊区，而技术密集型产业集中在中心城区，由此导致产城脱节、职住分离和结构失衡等现象。城市规模越大，就业市场效率越高，而新城规模小且发展速度慢，集聚产业能力不足，导致新城只能以居住为主体。职住不平衡导致潮汐交通，内环交通拥堵，而外环依托周边高速公路与中心城区联系，较长的出行距离不仅增加了交通时耗和能耗，围绕北京郊区形成的"城市村落"也使整体城市空间表现出"单中心、低密度蔓延、功能失衡、机动车导向"的高碳特征，从而形成空间形态特征和相对分散、单一的空间功能布局。

（四）城市生态遭到破坏

随着农村人口不断转移到城市，城市化推动大规模基础设施和住房建设，带来了对钢材、铝材、水泥、玻璃等建材高耗能产业的巨大刚性需求，城市建筑和交通领域用能不断增长，能源消耗总量不断增加，交通需求量不断增大，城市环境问题日益突出。此外，城市生态环境品质下降。近年来城中村改造现象普遍存在，高楼林立取代城市休闲绿地，加上城市绿化空间本身明显不足，居住区绿化得不到重视，交通绿化设计单一，原生态环境遭到严重破坏，导致空气污染、噪声污染、辐射等一系列的环境问题，城市居民生活品质明显下降。

（五）城市各类规划冲突大

相对城市建设地快速发展，城市规划滞后于城市建设，导致规划的前瞻性、互动性和约束力不强，失去规划原有的指导和控制作用。由于规划编制单位不同，城市总体规划往往与各项专业规划以及一些区域发展控制性详规和修建性详规脱节，同一地块不同内容和建设要求往往造成具体建设执行出现偏差。以交通规划为例，我国的城市交通体系同样滞后于城市的发展，多样交通方式的供给还没有形成平衡的配置。另外，城市总体规划难以发挥强有力的约束，城市发展往往不受到规划的严格控制，未到规划期限便需要修编。因此，城市总体的规划结构与布局经常面临着调整，而由于城市定性、定位的变化，上一轮总体规划已实施的用地布局，很难与修编后的规划布局良好衔接、融合。世界银行 2010 年发布的《城市与气候变化》报告中提出了城市降低碳排放的规划政策措施，其核心是城市土地利用规划、交通规划、城市设计与建筑设施设计规范之间的结合（图 5-2）。

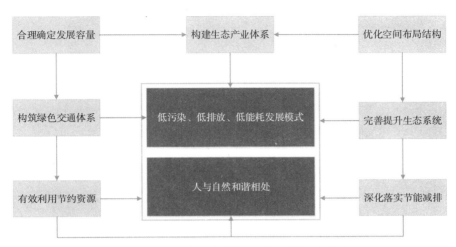

图 5-2　低碳城市建设与空间规划的有机结合

五、国外促进城市空间布局低碳化的案例

"低碳城市"的广泛关注始于 2003 年的英国能源白皮书《我们未来的能源——创建低碳经济》。目前，低碳城市建设在全球范围内广泛展开，从研究内容看，国外针对城市空间结构对碳排放影响的相关研究主要围绕几个方面：一是关于怎样的空间结构更有利于减少城市交通量；二是探讨什么样的空间布局结构能够促进能源的集中供给、高效利用；三是城市空间结构网络如何设计和保持空间结构才能实现与居民生活的匹配；四是职住如何平衡、用地功能混合到何种程度才能实现空间结构的减排效应。其中新加坡、丹麦、纽约等世界级城市早已走在世界的前列，能为我国低碳城市的规划建设提供借鉴。

（一）新加坡——"白地"规划

白地（White Site）是由新加坡市区重建局（Urban Re-development Authority of Singapore，URA）于 1995 年提出并开始试行的新概念（范华，2015），是土地混合利用的一种典型模式，其内涵核心：一是作为土地预留，在区位条件优越、周边环境成熟、发展潜力巨大的区域内，因短期无法明确最优用途而划定的功能留白地块，待条件成熟后向高附加值用途转换；二是混合利用，对白地的土地用途进行功能划分，并进行各类功能的充分混合，体现"宜居宜业"的空间开发理念；白地为政府提供了一种综合、多功能的弹性规划控制方式，保证土地使用价值的最大化，保障土地节约集约利用。新加坡白地的经验做法及其对特大型城市的借鉴，一是有利于在土地资源紧约束背景下，创新综合用地复合开发模式，以加强土地集约复合利用；二是有利于在用地形态多元化形势下，强调城市规划的动态控制与实施，以保障土地复合利用的合理化，为城市发展预留空间。

（二）温哥华——"收窄街道"

为解决温哥华市内住宅不足问题，早在 2007 年市府就提出了"生态密度"（Eco-Density）的概念，构想增加住宅密度，推出温歌华、也是加拿大首次在低利用率居民街区和后巷建设小型房屋、双拼屋和连排屋，实现街道"瘦身"，旨在满足人口增加造成的房屋需求，并减少因人口扩张对生态造成的破坏。经过研究和搜集公众意见后，温哥华市市政府提出四大项建议及多项相应行动，包括在合适地点增加人口密度，如选择大型发展计划和邻近公共交通的区域，用创新的方法善用街道等地块，所谓创新的方法即"收窄街道"，指的是将一些 66 尺宽的街道一分为二，一半用作兴建较独立屋、高密度的房屋，一半仍留作街道，同时鼓励多建三房以上的单位。市政府通过采取"收窄街道"的城市设计等方法提升中心城区人口密度，10 年成功吸纳新增人口的 50%，其中 3/4 可走路上班，每年直接减少的碳排放超过 10 万 t。

（三）波特兰——设定"城市增长边界"

1997 年，波特兰市发布了《地区规划 2040》，为波特兰市中心的紧凑发展和辐射性的交通网络建设做出了完整的规划，意在通过实践"精明增长"理念摆脱美国传统的城市和社区发展模式。在新增用地压力之下，强化对"城市增长边界"的控制；加强公共交通的发展，将轨道交通的站点作为城市发展的重心。其具体政策包括：①将城市用地需求集中在现有中心（商业中心和轨道交通中转集中处）和公交线路周围。三分之二的工作岗位和 40% 的居住人口被安排在各个中心和常规公交线路、轨道交通周围；②增加现有中心的居住密度，减少每户住宅的占地面积；③投入 1.35 亿美元用于保护 137.6km^2 的绿化带；④提高轨道交通系统和常规公交系统的服务能力。波特兰市把公共交通作为主要交通工具，引导了城市的增长、促进了空气的清洁，通过改善步行和自行车交通设施条件，使得波特兰在城市开发中减少了土地消耗和机动车交通，进而也减少了空气污染。至今，波特兰市人口增长一半，土地面积仅增长 2%，生态足迹和碳排放量保持稳定。

此外，有许多城市，如斯德哥尔摩、哥本哈根、多伦多、新加坡、中国香港等，都在交通与土地利用的互动关系上做出了成功的探索，建立了可持续的交通与土地利用互动模式（表 5-4）。如在公共交通中心增加就业与居住密度可有效地减少机动车拥有量，同时也将大大增加公共交通出行的比率等措施，验证了可持续的交通发展策略必须结合高效的土地利用才能实现交通领域的节能减排。

国外部分城市低碳建设经验　　　　　　　　　　　　　表 5-4

政策措施	低碳建设经验
增加密度（人口、就业等）	新加坡大力推进"增密计划"，为符合条件的开发商提供多达改建成本 30% 的补贴，力争在不新增用地的情况下再容纳 50 万人，从而减少居民的建筑和交通碳排放，特别是新增人口相关的基础设施建设碳排放
限制用地无序增长	新加坡通过严格保护水源地来遏制土地无序开发，成效显著
	亚利桑那州通过一系列精明增长政策，预计减少 2670 万 t 碳排放，约占所有可能减少量的 4%
	西雅图政府阻止城市继续向外无限扩大，把重心重新放回中心城市建设
提倡土地混合使用	美国华盛顿州通过社区规划和设计，增加建筑、居民以及经济活动的多样性，从而减少 1150 万 t 碳排放
提升交通可达性	新加坡自 1998 年启动道路电子收费系统，快速路车辆平时时速提高 38%，空气悬浮物减少 22%；伦敦在 2003 年引入类似的收费系统后，收费区内交通碳排放因此减少 20%
	西雅图政府通过改善路网结构，全力推广公共交通、自行车和步行，再加上开发新能源，2012 年比 2006 年减少 6 亿 t 碳排放

（四）国外城市空间布局低碳优化对我国的启示

通过国内外案例及研究梳理，可以看出低碳城市涉及规划、建设、实施、管理整个过程，其中在规划层面可通过编制低碳发展规划、低碳转型规划、低碳社区等实现。总体上说，发展中国家的城市空间结构更具有低复合、集聚紧凑以及高密度的特征，而发达国家的城市形态正好相反。如英国政府提出了从城镇中心直至农村地区的圈层式的空间结构，从内向外分别为城镇中心、边缘中心、内城区、工业区、郊区县市、新城区、农村地区。然而，与发达国家不同的是，尽管我国大规模的城市化已经发展到了一定阶段，但很多城市是在 20 多年内从农村发展成城市，很多单中心城市的核心功能不强。虽然不同城市在进行低碳城市建设的过程中设定的具体目标不尽相同，建设模式也有所差别，但在实现低碳城市建设中具有一些共同特征，如均设定了明确的低碳城市建设目标，对节能减排的目标予以确定；在低碳建设中采用综合的方法，采用多种法律政策等工具约束城市生产、生活等方面低碳排放者等（叶玉瑶等，2012）。

从空间布局优化的角度来看，要实现低碳优化目标，需要遵守以下原则：一是优化城市建设用地结构和功能，促进城市集聚紧凑发展；二是增加土地使用功能多样化水平，以满足城镇化对城市功能的需求变化；三是提升交通基础设施的建设和服务水平，实现居住空间和产业空间的有机衔接；四是增加城市绿色开敞空间，促进碳汇，最终建立起低碳、生态、环境友好、自然和谐的城市。

六、城市空间布局低碳优化的规划对策

针对我国城市空间布局存在的高碳化问题，城市空间布局低碳化改造的思路应是降低碳来源、减少碳排放、加强碳捕捉来实现低碳城市的发展，城市空间布局低碳发展的优化路径应通过改变城市功能布局、提高开发密度、增强城市核心、增加碳汇等改造模式将高碳导向的城市空间结构改变为紧凑集聚型的目标模式（图 5-3）。

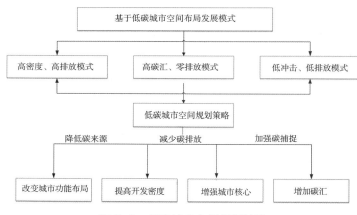

图 5-3　低碳城市空间规划策略

（一）改变功能布局

创新城市空间布局模式。以密度较高、功能混用和公交导向的集约紧凑型开发模式为主导，适度提高城市核心功能，增强核心地区向外辐射和支撑能力。统筹考虑居住、产业、公共服务设施之间的关系，因地制宜构建城市空间布局模式，在中小城市以轨道交通站点为中心构建城市空间布局，沿轨道交通走廊形成城市发展带，将客流量大的地块布局在距离轨道站点 0.5 ~ 0.7km 半径范围内；同时提高其空间紧凑程度，对交通站点与周边地区的土地开发强度实行差异化管理，其他地区的开发强度随交通站点可达性呈梯度递减，充分发挥公共交通的作用，增强资源、服务、基础设施的共享程度，提高混合街区比例，减少城市建设活动对地区生态环境的影响。

注重立体开发，充分利用地下空间。以地下交通为主流开发地下空间，重

点建设城市地下轨道交通和地下快速路；拓展项目建设空间，统筹建设地下交通、商业、防灾、管线空间等设施，结合地下交通、地下停车、地下商业等城市公共基础设施及功能，选择在城市中轴线、交通换乘枢纽、商业集中区以及大型居住区等重要公共空间和交通节点地区进行开发建设；注重地下与地上空间在功能、交通方面的一体化利用，形成完整的地下空间网络，促进土地复合多样化利用，降低碳排放。

以就业为导向优化新城区。新城的产业体系规划应先于人口规划，通过优化产业结构，发展服务业，通过空间规划、社区营造的多重手段增设人流密集的商业设施，实现土地的相对混合利用，创造就业机会，集聚人口；完善公共服务等基础设施，畅通新城与城市中心城区的道路交通网络，提升新城区的宜居宜业水平，保障就业人口稳定增长。

以存量优化为抓手改造老城区。以建成区的存量优化改造为抓手，通过有效手段盘活存量资源，将老城区范围内闲置、废弃、低效利用的土地，按照低碳城市的规划理念开展大规模的改造，如对大型废弃的工业遗址进行功能转型，对狭窄道路改造为城市慢行系统等，创造城市绿色空间，实现存量土地良性循环使用。有效地推动居住小区的低碳化生活，形成集约高效、相对紧凑、混合利用、公交导向的城市活动空间。

（二）提高开发密度

整合人口与就业密度。在城市规划层面，科学规划城市各个区的功能定位和产业格局，缓解城市中心城区的压力，合理引导一些中心城区的企业、学校、大型机构等从中心城区分离出来，带动大量的人流从中心城区流向人口密度较小的城市外圈。在城市管理层面，稳步推进城市基本公共服务，推动城市基础设施一体化建设和网络化发展来增强城市的综合承载能力，以平衡人口居住与就业需求。

提高路网密度。针对"小街区密路网"以及城市慢行系统的细化和落实程度较低等问题，现行的规划一是要协调路段与交叉口的关系，重视支路系统的建设；改变传统的通过加密轨道交通线网来提高轨道服务覆盖率的规划思路，通过多模式交通换乘的方式提高轨道交通站点的服务半径。在规划设计适宜步行与自行车出行方式的城市地块尺度时，要控制在人步行最大距离的限度内，并建设自行车出行系统，辅以发展快速公交、地铁等公共交通，营造出行模式多样的绿色城市体系。二是建立起以日常活动为视角的多中心组团式活动空间结构体系，形成人气集中、公共建筑密集、公共活动丰富的新市中心，形成"多层次级、有机组织、网络联系"的城市公共中心体系。

提高地块容积率与建筑密度。以大运量的快速交通为支撑，在客流量较大的节点，适度加大城市地块的建设量，提高建筑容积率和建筑密度，提高地块的土地产出率。城市公共设施的建设必须与公共交通系统结合起来，避免在城市公共交通服务低水平的地区建设城市公共设施。此外，可以结合地区公共交通的可达性水平确定地块的容积率，公共交通可达性高的地块，可以有较高的开发强度。

（三）强化城市核心

人口规模较大的城市，要打破现有的"摊大饼"的城市格局，强化"多点带面"发展的城市结构，在城市中心城区的外围培育新城镇组团和新城，构建多核心和多组团的城市形态，实现产业空间和人口的"小集聚、大分散"的空间格局。中小城市核心功能较弱，应在人口密度适度集聚、生活与生产设施密度较为适宜的城区，采用破解同心圆圈层的方式，培育为新的核心区或新组团，促进城市功能空间分布均衡，平衡产业空间与居住空间关系，缩短交通出行距离，打造宜居宜业的城市空间结构。

（四）提升碳汇功能

生态系统具有天然的碳吸附功能，对调控地球碳循环具有重要作用。城市应发挥生态绿地的碳吸附功能，合理利用生态系统，防止城市建设活动对其侵占和破坏。应从加强生态碳汇空间统筹管控等方面入手，一是要在城市边缘设置绿环或绿带，辅以楔形绿地渗透入城市中心区，能够有效抑制大城市的无序蔓延；二是协调统筹生态空间与建设用地的发展，构建以森林、湿地、公园绿地、防护绿地、河流水域等为主，点、线、面全方位的绿地规划，提高其综合功效，在城市区域范围内实现生态网格的覆盖，维持城区内良好的自然环境，实现城市低碳生态。三是建立公共交通走廊的绿化通道。利用城市气候、地形、植被、土壤和水体等自然因素，增加城市绿地、水系覆盖和公共绿地可达性，营造高效、多样、自然生长的绿色碳汇网络，建立垂直低碳的生态安全格局，促进其绿色交通体系的构建，从而限制机动车的出行。

低碳城镇化空间优化导则   表 5-5

策略方向	规划导则
改变功能布局	①在条件适宜地区以轨道交通站点为中心进行城市空间布局，将居住、商业、办公、公共服务设施等出行量大、使用频率高的功能布局在轨道站点 500～700m 半径范围内； ②选择在城市中轴线、交通换乘枢纽、商业集中区以及大型居住区等重要公共空间和交通节点地区进行地下空间开发； ③以提供就业为导向，通过空间规划、社区营造等多重手段在产业新区或居住组团等新城区引入各类型的商服设施，实现土地的相对混合利用； ④以建成区的存量优化改造为抓手，将老城区范围内具有开发利用潜力的土地进行低碳改造

续表

策略方向	规划导则
提高开发密度	①合理引导中心城区的部分企业、学校、大型机构等从中心城区分离出来，带动大量的人流从中心城区流向人口密度较小的城市外圈； ②协调路段与交叉口的关系，重视支路系统的建设； ③设计适宜步行与自行车出行方式的城市地块尺度时，并建设自行车网格系统（一般以500m左右为宜）； ④围绕日常活动建立多中心组团式活动空间结构体系； ⑤适度加大城市地块的建设量，提高公共交通可达性较大地块的建筑容积率和建筑密度
强化城市核心	①在大中城市的同心圆圈层中培育新组团或新核心区，将原有单核心同心圆圈层改造为多核心或单核多卫星的形态；或在邻近地域建设城市新区，打造新的核心区或新的卫星城； ②在人口密度不高、生活与生产设施密度较为适宜的城区，采用破解同心圆圈层的方式，培育为新的核心区或新组团； ③在小城市打造强核心，通过核心功能向外辐射形成以点带面的圈层结构； ④在山区狭长地带或大江大湖分割城区的情况下，发展多组团城市形态
提升碳汇功能	①在城市边缘设置绿环或绿带，辅以楔形绿地渗透入城市中心区； ②构建以森林、湿地、公园绿地、防护绿地、河流水域等为主，以点、线、面全方位的绿地规划，在城市区域范围内实现生态网格的覆盖； ③建立绿色的公共交通走廊和绿化通道，结合气候、地形、植被、土壤和水体等自然因素，依托水系与绿化带的串联，建立良好、垂直生态安全格局，营造高效、多样、自然生长和充满活力的绿色碳汇网络

参考文献

[1] 潘海啸，汤諹，吴锦瑜，卢源，张仰斐．中国"低碳城市"的空间规划策略 [J]．城市规划学刊，2008（6）：57-64．

[2] 周春山，叶昌东．中国城市空间结构研究评述 [J]．地理科学进展，2013，32（7）：1030-1038．

[3] Nuissl H，Siedentop S. Landscape Planning for Minimizing Land Consumption [J]. Ices Journal of Marine Science，2013，69（2）：240-249.

[4] 吴健生，许娜，张曦文．中国低碳城市评价与空间格局分析 [J]．地理科学进展，2016，35（2）：204-213．

[5] Banister D. Cities，urban form and sprawl：a European perspective [J]. Mixed Use Development，2007.

[6] 龙惟定，白玮，梁浩，范蕊，张改景．低碳城市的城市形态和能源愿景 [J]．建筑科学，2010，26（2）：13-18+23．

[7] 柴彦威．中国城市空间组织高碳化的形成、特征及调控路径 [A]．中国科学技术协会学会、福建省人民政府．经济发展方式转变与自主创新——第十二届中国科学技术

协会年会（第三卷）[C]. 中国科学技术协会学会、福建省人民政府，2010：8.

[8] 周潮，刘科伟，陈宗兴. 低碳城市空间结构发展模式研究 [J]. 科技进步与对策，2010，27（22）：56-59.

[9] 张衔春，王旭，吴成鹏. 浅议低碳城市建构下的城市空间结构优化 [J]. 华中建筑，2011，29（11）：90-93.

[10] 仇保兴. 我国城市发展模式转型趋势——低碳生态城市 [J]. 城市发展研究，2009，16（8）：1-6.

[11] 邬尚霖. 低碳导向下街区尺度和路网密度规划研究 [J]. 华中建筑，2016，34（7）：29-33.

[12] 李迅，曹广忠，徐文珍，杨春志，宋峰，赵培红. 中国低碳生态城市发展战略 [J]. 城市发展研究，2010，17（1）：32-39+45.

[13] 丁成日. 城市规划与空间结构：城市可持续发展战略 [M]. 北京：中国建筑工业出版社，2005.

[14] 潘海啸. 面向低碳的城市空间结构——城市交通与土地使用的新模式 [J]. 城市发展研究，2010，17（1）：40-45.

[15] 吴健生，许娜，张曦文. 中国低碳城市评价与空间格局分析 [J]. 地理科学进展，2016，35（2）：204-213.

[16] 黄明涛，汪小文. 低碳城市的空间形态探索——以恩施市为例 [J]. 华中建筑，2010，28（12）：80-83.

[17] 和红星，李保华，曹坤梓. 低碳城市交通系统引导下的城市空间布局模式优化策略 [J]. 规划师，2012，28（7）：68-71.

[18] 陈锦富，卢有朋，朱小玉. 城市街区空间结构低碳化的理论模型 [J]. 城市问题，2012（7）：13-17.

[19] 赵宏宇，郭湘闽，褚筠. "碳足迹"视角下的低碳城市规划 [J]. 规划师，2010，26(5)：9-15.

[20] 范华. 新加坡白地规划土地管理的经验借鉴与启发 [J]. 上海国土资源，2015（3）：31-34.

[21] Cervero R，Kockelman K. Travel demand and the 3Ds：Density，diversity，and design [J]. Transportation Research Part D：Transport & Environment，1997，2（3）：199-219.

[22] 叶玉瑶，陈伟莲，苏泳娴等. 城市空间结构对碳排放影响的研究进展 [J]. 热带地理，2012，32（3）：313-320.

[23] 马强. 走向"精明增长"：从"小汽车城市"到"公共交通城市" [M]. 北京：中国建筑工业出版社，2007.

[24] 中国城市科学研究会. 中国低碳生态城市发展战略 [M]. 北京：中国城市出版社，2009.

[25] 柴志贤. 密度效应、发展水平与中国城市碳排放 [J]. 经济问题，2013（3）：25-31.

[26] 吕斌，孙婷 . 低碳视角下城市空间形态紧凑度研究 [J]. 地理研究，2013，32（6）: 1057-1067.

[27] American Forests. Trees and Ecosystems Services [EB/OL]. [2010-03-30].

[28] 中国科学院可持续发展战略研究组 . 2009 中国可持续发展战略报告 : 探索中国特色的低碳道路 [M]. 北京 : 科学出版社，2009.

[29] 中国城市科学研究会 . 中国低碳生态城市发展战略 [M]. 北京 : 中国城市出版社，2009.

[30] 邢瑞彩 . 深圳国际低碳城空间规划指标体系构建研究 [D]. 哈尔滨工业大学，2013.

第六章　基于低碳视角的城市街区空间布局优化

随着我国城镇化的不断推进，越来越多分散的农村人口将进入空间相对集中的城市生活，城市街区的面积和数量不断增长。国内外理论及实证研究表明，不同街区空间布局模式对城市温室气体排放产生显著影响。本章研究认为低碳街区的典型标志是高质量的产城融合、公交导向的土地开发、功能混合的土地利用、细密集约的小街区及路网、充足并分布均匀的绿化用地，并从核心指数和支撑指标两个层次构建了低碳街区的测度指标，研究提出低碳街区空间布局的规划对策。

一、低碳街区空间布局的典型特征

城市街区空间布局对碳排放的影响通过塑造居民出行碳排放强度来实现，主要有两种方式。第一，街区宏观空间的开发规模、开发密度、用地类型组合决定城市居民在工作、居住、服务三者之间出行的平均距离。这三种功能之间平均出行距离越长，城市温室气体排放量越大。第二，街区微观设计对不同碳排放出行方式提供不同激励，安全、配套齐全的街区，方便可达的公交接驳能够大大降低出行碳排放。

近 10 年来，从城市规划角度进行街区空间布局优化，以科学的交通基础设施和公交服务引导城市新经济增长和人口就业的集约扩展来降低城市碳排放，成为越来越多学者的共识，并取得一定经验。良好的街区空间布局对减缓城市碳排放增长有显著作用。比如实施紧凑发展，提高土地利用混合度，塑造小街区，公交引领，产城融合，合理提高绿地比例等。相对于汽车燃油类型及燃烧效率的技术改善，城市街区和交通的设计和耦合优化能够带来更加低成本、可持续的降耗减排效果。

学界对城市建成环境与居民日常出行的研究始于 20 世纪 70 年代，城市街区空间布局一般由土地使用密度、不同功能混合度、设计与可达性四项来进行衡量，对于出行的影响，主要的研究对象有出行次数、出行模式、出行距离或者时间。比如，Holtzclaw, et al. 发现在旧金山、洛杉矶和芝加哥，汽车的拥有和使用率随着居住密度的上升而下降（图 6-1）。

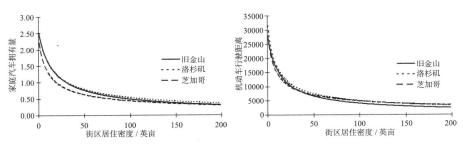

图 6-1　家庭汽车拥有量（左）与使用（右）与街区居住密度的负相关关系

Ewing and Cervero 在 2010 年对世界范围内超过 200 篇采用定量方法街区空间布局和建成环境对出行影响的文章进行整合分析。该研究对密度（人口密度、就业密度、商用容积率）、混合度（用地类型熵值、职住平衡、距离商店距离）、设计（道路交叉口密度、十字路口比重）、目的地可达性（1 英里内工作数量）和到公交距离（到最近公交站距离）等五方面指标对社区居民机动车出行、步行和公交使用三方面的平均弹性进行评价。如表 6-1 所示，提高密度、混合度、街道密集度和目的地可达性能够降低机动出行，可减少对私人汽车的依赖，同时增加公交和步行出行的吸引力。

不同方式出行对城市街区空间用地变量的弹性　　　　　　　　表 6-1

指标		机动出行弹性 （加权平均）	步行出行弹性 （加权平均）	公交出行弹性 （加权平均）
密度	人口 / 家庭密度	−0.04	0.07	0.07
	就业密度	0	0.04	0.01
	商用容积率	−0.09	0.07	
混合度	用地混合度（熵值）	−0.02	0.15	0.12
	职住平衡	−0.12	0.19	
	到商店距离	−0.12	0.25	
设计	街道 / 交叉口密度	−0.20	0.39	0.23
	4 向交叉口比重	−0.05	−0.06	0.29
目的地可达性	1 英里内工作数量	−0.22	0.15	
公交距离	最近公交站距离	−0.05	0.15	0.29

关于城市街区空间布局模式与碳排放的关系，主流观点认为：城市街区紧凑发展有利于城市的可持续发展。所谓紧凑型城市（Compact City），其最初是与低密度蔓延的城市相对应，即希望通过高密度发展城市中心城区，减少对

小汽车出行的依赖，减少能源消耗，提升公共设施的可及性和有效利用，遏止城市蔓延。然而也有学者认为紧凑型的城市街区发展模式并非放之四海而皆准。不少研究发现过高强度和密度会对城市能耗产生不利影响，特别是在发展中国家和东亚国家。一些基于中国案例的研究甚至认为城市密度对城市碳排放具有U形影响，中等密度水平最有利于减少碳排放，适当分散的城市街区布局更有利于交通的疏导和降低城市热岛效应。从实证研究中可以初步总结出：虽然笼统的高密度对出行次数、模式选择和排放等影响不同，但在宏观城市层面提高土地混合和市内可达性，以及在中微观层面提高社区密度、用地混合度与步行性对各种目的的机动出行距离（VKT）却有较为普遍的抑制作用，而机动出行距离正是城市交通能源消耗的主要指标。在城市宏观层面不一味强调高密度的情况下提高市内可达性，就需要在土地功能混合与交通路网布局和政策设计上进一步优化。城市街区层面要实现良好的低碳空间格局，交通与土地利用良好的配合是关键。这种配合在宏观全市层面、中观市中心区与郊区的连接层面以及微观街区设计层面有不同的侧重点，表6-2阐述了理想的低碳交通/土地一体化互动空间格局模型。

理想的低碳交通／土地一体化空间格局模型　　　　　　　　　表 6-2

尺度	土地利用模式	相互作用	城市交通
宏观	限制无序蔓延，功能混合	利用交通基建引导土地扩张	交通基础设施布局，城市层面交通政策，定价
中观	市内可达性	职住平衡	城市交通连接性，公共交通服务水平
微观	紧凑与混合原则运用于街区设计和站点周边土地利用设计，实行自行车等慢行交通设计与鼓励措施		

此外，我国城市高碳排放的局面部分源于城市街区空间历史布局带来的影响，较为显著的一个例子是大型街区和高比例主干道导致的交通不畅。这种格局的形成很大程度上源于部分地方政府粗放的土地出让模式、低成本道路及绿化投入、便利的"招拍挂"以及开发商将支路内化为内部道路。另一个例子是由于体制带来的土地规划与交通规划不协调，形成交通规划，特别是公共交通线路规划被动跟进已完成的土地规划，而非主导新增用地的建设，造成站点周边高强度高混合土地开发的困难。这些历史及体制因素，不仅无法实现城市功能上的慢行出行要求，更因为无法最大限度捕获土地溢价而导致大量公共交通财政补贴，给城市政府带来巨大压力。因此，研究我国低碳街区空间布局的模式，一方面应该积极借鉴发达国家的经验，另一方面也应因地制宜，通过对我国不同规模和形态城市的实证研究，制定符合我国城市街区历史肌理、规划体制和市民行为的低碳模式和规划策略。

根据上述理论、实证与实践，低碳城市街区空间布局的典型特征可总结为以下几个方面。

1）高质量的产城融合。低碳的产城融合应从功能主义向人本主义过渡，通过产业结构、就业结构、消费结构在实体与空间上的合理布局，实现就业人群与居住人群结构的数量和层级的匹配。良好的产城融合，体现在能够根据开发的具体阶段，配套符合就业人群的具备弹性的居住条件和基础服务功能，并与相邻地区在产业互动、服务关系、交通对接、空间互联上展开合作。

2）公交导向的土地开发。"公共交通导向发展"（Transit Oriented Development，TOD）理念主张"土地利用和城市公共交通系统相结合，促进城市向高密度、功能复合的城市形态发展"。在实践发展中，TOD理论表现出三个典型特征：土地混合开发，少出行次数、缩短出行距离，促进非机动交通方式出行；高密度建设，促进公共交通出行；宜人的空间设计，形成以步行为核心的空间组织。

3）功能混合的土地利用。功能混合的土地利用体现在城市层面就业、居住、服务用地的融合，减少大面积单一类型用地，缩短不同目的出行距离。社区层面生活配套设施种类齐全，符合社区居民消费需要和消费水平，实现就近消费、就学、游憩。

4）细密集约的小街区及路网。小街区模式基于土地集约原则，强调适宜步行、功能混合、人性化的开放式空间。密集的支路网络，一方面能够为干道提供支撑，另一方面增加路径可选择性，提高交通容量，降低分流管制成本，减少拥堵，降低碳排放。同时，能加强城市渗透性，提升城市活力。

5）充足并分布均匀的绿化用地。充足并且良好的绿地局部，不仅有利于减缓城市热岛效应、减少建筑能耗、引导旅社交通，还有助于营造可持续发展的人居环境。

专栏 6-1

公交导向的混合功能开发——美国城市的低碳街区设计实践

美国"公交引领发展中心"（CTOD）在2010年基于绩效研究法对全美39个地区3760个轨道站点区域进行低碳绩效评估。如图6-2所示，不同轨道站点区域按照职住比例及本地居民机动出行里程（VMT）被分为15类（黄色为居住功能主导街区，紫色为就业功能主导街区，橙色为职住均衡街区；深色表示街区居民机动化水平高，浅色表示街区居民机动化水平低）。研究发现：大部分轨道站点周边区域的居民机动化出行水平比全国水平低，主要表现在低于平均水平的户均0.5小汽车拥有量，以及高于平均水平 5 ~ 11 倍的公交、步行及自行车模式使用等。这主要归结于更加短的职住距离（良好的就业和居住配置）、高于平均 15 倍的高密度居住区开发，以及更加小的街区尺寸。研究发展在采用公交引领开发策略的不同站点内部，也存在不同低碳出行的效果。本专栏介绍两个营造了低水平机动化居民出行的公交引领开发案例：位于美国第一大城市纽约与新泽西州交界，以就业功能为主的埃塞克街（图 6-2 左矩阵中第三列绿色点），另一个位于美国第二大城市洛杉矶的以居住功能为主的圣塔莫尼卡（图 6-2 左矩阵中第一列蓝色点）。

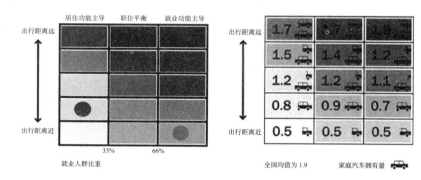

图 6-2　基于绩效的轨道站点开发低碳评估法（左）
及不同类型轨道站点周边居民机动车拥有情况（右）
来源：美国"公交引领发展中心"，2010

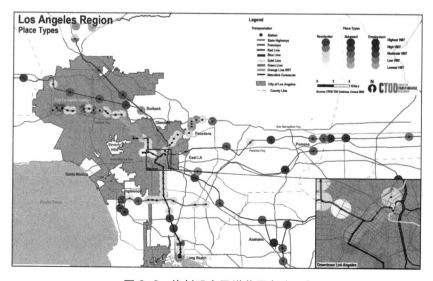

图 6-3　洛杉矶市圣塔莫尼卡（一）
（地理位置，地铁周边 800m 范围街区卫星图片及沿街立面）

150

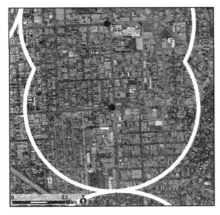

图 6-3　洛杉矶市圣塔莫尼卡（二）
（地理位置，地铁周边 800m 范围街区卫星图片及沿街立面）
来源：美国"公交引领发展中心"，2010

　　在城市蔓延、机动化水平非常高的洛杉矶，圣塔莫尼卡地区营造了低碳的城区内部空间格局。该地区由红蓝两条地铁线交汇。虽然两条主要街道的商业类型是以汽车为导向的大型零售，但高居住密度（每英亩19 个单元；以 3～4 层公寓楼为主）、高街道连接度（平均街区尺度 6.6英亩）、高社区内部混合业态使得居住在该地区的居民无论是日常服务类出行，还是前往市中心就业，都有汽车外的便捷出行模式可供选择。高密度的居住区和细密的街道让 91% 的居民居住在距离地铁站周边 800m的范围内，通过地铁可以在 8min 内到达市中心；12min 内到达大学城。圣塔莫尼卡社区居住密度为整个洛杉矶地区的 4 倍，圣塔莫尼卡居民每年平均机动化出行里程和交通花费是整个洛杉矶地区 72.7% 和 75.6%。
　　在美国东海岸与纽约曼哈顿一河之隔的泽西城，是许多年轻白领居住的地区，便捷的交通连接本地和纽约曼哈顿。埃塞克街是泽西市中心区域。高层办公楼、3～4 层公寓楼与混合功能建筑结合，居住密度高达 60 户每公顷。小型零售、餐厅、咖啡厅等散布在办公楼和居住区，为居民日常购物提供步行距离内的出行便利。地铁站周边街区由类似曼哈顿的网格状街道，为居民提供微型可步行的街区环境（平均街区面积7.3 英亩）。此外，距离埃塞克街中心 800m 范围内有 5 个不同的公交站点，为居民提供前往不同目的地便利的可达性。良好的交通可达性，高密度混合开发以及适于步行的街区道路营造，使埃塞克街区域有多达 63%的居民选择使用公共交通工具通勤，比地区平均值 25% 多出两倍。

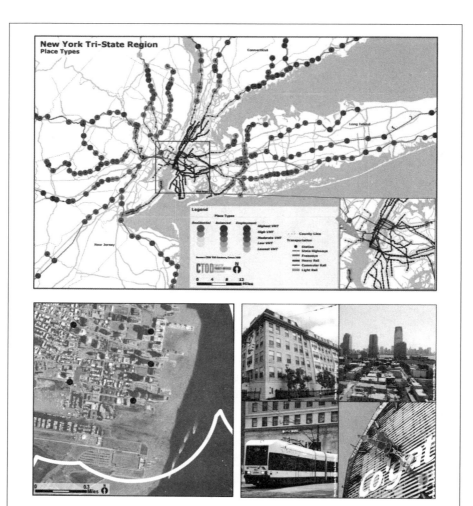

图 6-4　纽约—新泽西交界泽西城的埃塞克街
（地理位置，地铁周边 800m 范围街区卫星图片及沿街立面）
来源：美国"公交引领发展中心"，2010

二、低碳街区空间布局的代表性指标

从来源来看，城市街区的碳排放主要来自于三个方面，即产业、居民生活和交通。城市街区低碳化的重点在于降低碳来源（源头减碳）、消减碳排放（过程减碳）和加强碳捕捉（结果减碳）等三个方面。低碳城市街区空间布局的规划重点在于：一是通过优化不同类型用地空间组合、更加高水平的产城融合、混合土地利用设计和不同功能区有机布局，从交通上进行源头减碳；二是通过交通引导、塑造小街区和密集路网、转变社会出行方式，实现过程减碳；三是扩大生态绿地面积及合理布局，提高生态存在总面积和存在率，加强碳捕捉。因此，低碳城市街区空间构建的核心在于通过合理的空间布局实现上述土地与交通高水平耦合的低碳发展目标的效果。具体而言，包括通过紧凑的街区空间形态来降低碳排放；土地有效混合使用减少机动出行，降低碳来源；通过土地开发的 TOD 化理念来发展、规划城市公共交通、步行系统，降低私人交通工具使用，减少碳排放；最后通过构建生态单元与城市绿地系统，强化绿化固碳功能，加强碳捕捉。

基于低碳城市街区空间布局的构建重点，其评价指标体系从五个层面来展开。每个方面都包括核心指数和支撑指标两个层次，核心指数是实现城市街区低碳空间布局的重要因素，而支撑指标层是从规划管理的角度，对上述核心指标的要求进行进一步的细化，以便于规划控制的落实，如表 6-3 所示。

三、典型案例借鉴

国际上，不少城市通过推动 TOD 街区规划建设来实现低碳目标。美国波特兰的 Orenco 站周边社区以功能多样的空间组合、适度留白的弹性设计以及群体利益的平衡闻名。该区设立专门管理委员会，平衡各部门之间的利益，使得管理更为透明有序，减少部门间利益冲突带来的不利影响。德国汉堡在废弃棕地上推动四个方面的公交引领发展，主要包括：①优先发展轨道交通与新能源公交系统，在此基础上完善非机动车系统；②在集约利用土地的基础上建设低碳供热系统；③规划高比例的混合用地保证区域功能的多样性，为非机动的出行方式提供可能；④在"公交＋非机动"的出行方式基础上规划对土地功能的多元化开发，使区域单位时间内的运输效率得到保障。而哥本哈根通过搭建以 TOD 为导向的交通运输系统作为旧城区发展的骨架，从运输的源头控制碳排放，使所辖射的城市土地得到集约型的利用。国内低碳社区建设也逐渐开始将 TOD 运用于低碳城镇的建设和改造。目前已经在建设当中的包括云南昆明呈贡的低碳城市、珠海北站区域、珠海西部城区、珠海唐家湾、上海黄浦区、重庆悦来生态城等。本书对澳大利亚墨尔本绿楔、珠海北站 TOD 设计和昆明呈贡新城进行案例分析。

（一）澳大利亚墨尔本——绿楔

墨尔本绿楔（The Green Wedges of Melbourne）规划并建设于 20 世纪 70 年代。作为州和地方政府长期保护墨尔本城市外围用地的努力，墨尔本绿楔在空间上沿着明确定位的廊道扩张。相对伦敦等国际大都市一般的绿带实践，墨尔本绿楔将保育与发展有机结合，在绿带限制无序蔓延的理念上，更加注重交通引导的城市空间扩张。四十多年来的发展证明，这种方式的发展取得了较大

表 6-3

低碳街区空间布局的核心指数和支撑指标

	核心指数	支撑指标	指标内涵	参考标准
公交引领开发	可开发潜力	轨道交通及 BRT 等大容量公交站点周边 800m 范围内的可开发用地占土地面积比例	公共交通周边进行高强度开发的土地保证	50%
	开发强度	轨道交通站点周边 200m 范围内平均建筑容积率（FAR）	范围内分类建筑面积／建筑用地面积	办公楼 8.0 居住区 6.0 混合类型用地 3.0
	开发均衡度	站点周边 400m 各类土地利用类型的均衡开发	居住、商业、绿地面积值	大于等于 0.75
	公交可达性	区域内地铁站及 BRT 站点周边 800m 范围内居住人口、就业人口覆盖率	到居住地及各类目的地公共交通可达性，这是衡量公交站点布局均衡性的重要指标	≥80%
	土地类型混合	分街区用地类型混合度	居住、商业、公共服务设施、教育、绿地、工业用地及未开发用地面积熵值	
混合土地利用	服务供给	住宅区（非产业园区）周边 400m 范围内 12 项基础功能平均密度	居住区周边居民日常生活服务及休闲等需求在住社区内部及周边得到满足的能力	每种功能至少有 5 种
	职住均衡	市区通勤区域平均职住平衡指数	该指标产城融合指标：就业人数／居民人数	0.5 ~ 0.7
		通勤区域空间面积	区域产城职住平衡及改善情况	不超过 15km²
	城市尺度	快速路、主干路、次干路、支路比例	衡量就业区域土地利用延展能力	1 : 2 : 3 : 8
		城市支路网密度	衡量城市小街区布局现状及改善潜力	4.8 ~ 13.5km/km²
小街区		住宅区街区平均面积	以居住功能为主的街区面积	不超过 2 公顷
	街区尺度	街区地块临街宽度	在功能符合纳底线 70m 基础上，不同街区的款临街宽度有不同社会效益表现	行人聚集 50 ~ 70m 最优空间可渗透 70 ~ 90m 最高土地经济效益 60 ~ 180m 最大社区活性 80 ~ 110m

	核心指数	支撑指标	指标内涵	参考标准
小街区		退线（缩进）	退线是指道路红线与建筑之间的距离。合理的退线距离可以提升建筑与公共领域之间的联系，增加开发者可出售的建筑面积	≤ 5m
		街区街道宽度	适度紧缩的街道是提高街区道路密度的保证	地区性干道 ≤ 25m 大型街道 ≤ 45m
		街区慢行专用道路宽度	街区内部步行专用道，自行车专用步行/自行车混用车道宽度	步行专用道 ≥ 1.5m 自行车专用道 ≥ 3m 混用车道 ≥ 3m（高车流）
	街区尺度	慢行专用道覆盖率	在已经建成的大街区进行密化过程中，对道路网络难以改变的地区，应提高街区内部步行专用道、自行车专用道覆盖率	≥ 10km/km²
		街区支路公交线比例	有公交线路经过的街区内部道路总长度占街区道路总长度的比，反映街区内外部公共交通连通性	≥ 70%
		街区路内停车道长度比例	有设置路内停车道的街区内部街道长度占街区内部道路总长度的比例，在路内设置停车道可以为行人与汽车之间作隔断作用，减少慢行交通与机动车发生摩擦的几率	≥ 40%
城市绿地	绿地规模	人均绿地面积	城市非农业人口每人拥有的公共绿地面积	10m²/人
		绿地面积用地占比	可用绿色空间占建筑面积比例	20% ~ 40%
	绿地布局	居住区到绿地平均距离	衡量居民日常休闲目的地的可达性	≤ 500m
		绿地分布公平性	用空间自相关系数 Global Moran's I 指数衡量城市绿色空间的分布公平性，主要基于公园等绿地供给及附近 400 ~ 800m 范围内居民需求的匹配。Moran's I >0 表示空间正相关性，其值越大，空间内居民相关性越明显，大型绿地分布的区域与居住人口密集的区域高度吻合，否则，Moran's I <0 表示空间负相关性，其值越小，空间差异越大，否则，Moran's I = 0，空间呈随机性	Moran's I >0 并显著

155

的成功。一方面,对大部分城市外围土地,特别是有较高生态价值的土地实现了有效的保护;另一方面,沿着交通线路高密度和高混合度的开发实现区域有重点的发展,避免了土地浪费。居民平均机动出行水平低于同样规模、同样发展水平的城市,营造了低碳的发展模式。新一期墨尔本 2030 年的规划同样基于交通引领发展的原则提出了城市增长的低碳化方案。一方面,减少墨尔本外围低密度地区新增发展项目的比例,年建设率从 60% 降低到 40%,新增建设被引导到近中郊已经发展起来的特定区域中,提高了发展密度。另一方面,继续加大交通站点周围活动中心的发展水平,将更多的项目吸引到站点周边地区。这项政策针对的是公共交通站点,特别是在汽车依赖严重的郊区站点。

在设计理念上,除了交通引领,墨尔本政府强调绿楔内部的用地混合与功能多样。在规划中,绿楔被有机拆分成 12 个不同分区(图 6-5),每个分区在统一的地区框架下进行了单独规划,制定明确的定位、目标和行动计划。部分绿楔地段有较强的环境、景观、文化遗产价值,这些地区为墨尔本居民提供了游憩和旅游观光的资源,结合旅游业的适度开发,缓解了在不少地区居住在绿带的居民和绿带地区无法发展的问题;而部分绿楔则是保留农业功能。除此之外,一系列支撑墨尔本的设施,比如机场、污水处理厂、采掘和垃圾填埋场也在绿楔中进行规划,从而避免污染城市内部环境。

限制蔓延,交通引导,混合用地,活动中心多层级紧凑开发(除了中心活动区 CBD,还沿公共交通干线布局 26 个首要活动中心和 82 个大型活动中心,空间布局如图 6-6 所示),使墨尔本在应对未来 15 年新增 23% 人口,成为澳大利亚最大城市过程中能够最大限度地减少土地浪费,保持环境清洁和降低能源消耗。

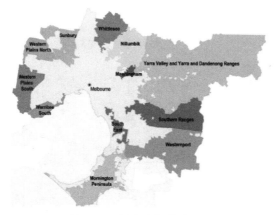

图 6-5　墨尔本绿楔布局图
来源:澳大利亚维多利亚州政府。

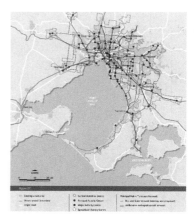

图 6-6　墨尔本各级活动中心和
城市公交轨道网布局图
来源:澳大利亚维多利亚州政府。

（二）珠海——珠海北站 TOD

珠海北站的设计是对"空间形态紧凑化、土地利用混合化、土地利用TOD化"概念的综合实践。其生态设计的核心是降低人们对小汽车的依赖，从而减轻其对能源、碳排放以及空气质量的影响。如图6-7、图6-8所示，围绕"如何建立TOD导向的交通网络、如何提升公共交通和非机动车交通的吸引力、如何平衡区域内的土地利用和开发密度"，珠海北站的低碳城镇建设进行了三方面有意义的尝试。

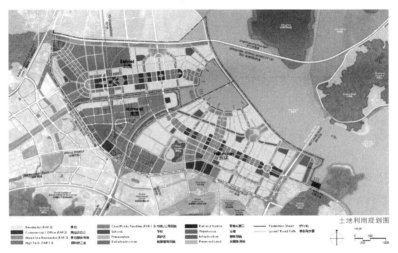

图 6-7　珠海北站 TOD 总体设计土地利用图

来源：美国能源基金会，中国可持续城市项目

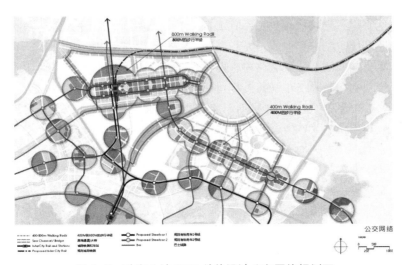

图 6-8　珠海北站 TOD 总体设计公交网络规划图

来源：美国能源基金会，中国可持续城市项目

首先，建立 TOD 导向的交通网络。路网规划以公共交通导向开发为核心。在宏观层面，依托现有的城际轨道站点，布局有轨电车、公交廊道及其他交通路线，形成 TOD 开发的基础和核心；在微观层面，营造细致紧密的街道网络，融合当地两车道的街道、非机动车道、单向二分路和公交大道，形成一个次干路网络系统，多模式的出行选择，为居民及游客提供代替私人小汽车的便捷出行方式。

其次，提升公共交通和非机动车交通的吸引力。营造公交林荫大道，配套运河、自行车道、人行道和公交车道等景观及设施。沿着林荫大道布局公园、广场以及步行距离内的本地服务、商业、餐厅。将具有吸引力的空间与公共交通、非机动车通道进行复合，实现集约、多样发展。线性绿地贯穿整个公交大道，公共交通通道变得更加宜人，同时成为舒适友好的公共活动空间。整个区域，沿着现有绿地、线性公园、林荫道等营造绿道系统，形成贯通的人行和非机动车通道，有助于公共交通和步行、非机动车交通之间的无缝转换；同时，开发一系列独特的公共目的地，以促进步行活动。

最后，平衡区域内土地利用和开发密度。珠海北站规划注重就业岗位与居住之间的平衡。在区域内部，公交导向开发体现在 80% 的就业和住宅集中于公交站点步行距离内。同时，在公交设施周边，土地开发更加紧凑和混合化。在区域与周边的联系上，平衡了新发展地区和周边地区的关系，通过公共交通通道和开放空间廊道建立与周边地区的各类联系。土地利用上充分考虑了景观的过渡性，同时依据规划的公共交通系统选择土地利用方式，在考虑区域与外部环境的基础上实现职住平衡。

（三）昆明——呈贡新城

在昆明呈贡新城的规划中，TOD 的导向更加明显。相比过去的路网规划，公共交通系统与城市用地的布局和变迁联系更加紧密（图 6-9）。

新版规划围绕"公共交通和非机动车交通、人行交通网络的构建"和"如何根据规划的交通网络布局各类空间"做了如下实践。

第一，整合公共交通、非机动车交通和人行交通网络。在主干道的组织上，为满足交通需求的兼具街道及地块的人本尺度，传统主干道被"二分路"所取代。二分路是在中间加入了公交专用线的单向二分路，十字路口间距较小，从而起到了降低车速和保障行人安全的作用。同时，二分路会搭配更加精致的路网，从而形成小的街区，有利于创造行走的环境。街区和人本尺度地街道可以吸引人们更多地选择步行、非机动车出行以及乘坐公交从而降低私人汽车的使用。在慢行交通系统的组织上，建立人行与自行车交通的无缝系统——辅助普通道路上的非机动车道，同时连接各就业中心、公共空间。建立公交、自行车优先区——公交林荫大道和自行车专用道复合，连接主要的就业中心和居住区，鼓励公交和非机动车出行；建立公共绿地网络，将不同等级不同类型的绿地空间用自行车与人行专用的"绿道"贯穿一体，创造一套舒适的步行和自行车网络。

第二，构建的服务功能优良，快捷灵活的公共交通网络。宏观尺度上，在公交站点创建城市各级中心，公交密集处进行更高强度的混合用地开发；微观尺度上，"二分路"塑造的小街区具有更高的灵活性，非居住用地可以容易地与居住用地混合，形成有变化的城市空间。

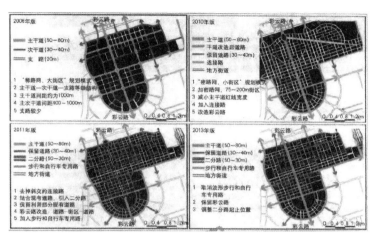

图 6-9　昆明呈贡新区核心区路网结构

图片来源：申凤，李亮，翟辉."密路网，小街区"模式的路网规划与道路设计
——以昆明呈贡新区核心区规划为例．

（四）对城市街区空间布局低碳优化的启示

城市公共交通系统的构建有利于降低人们对小汽车的依赖，从而实现源头减碳和过程减碳。在加强碳捕捉方面，城市绿地、慢行设施的设计作为公共交通末端用地的补充，增强了人行和非机动车行交通的吸引力。不过通过对比可以发现，相对于西方国家，我国的 TOD 策略、绿带建设和城市空间扩展在行政、立法、利益分配和细节上，还有需要提高的地方。比如行政上，澳大利亚和新加坡等国在土地和交通规划上将规划主体进行合并，避免了土地规划和交通规划相冲突的局面，一方面能够保证交通引领策略得到落实，另一方面清晰的交通引领发展策略提高了地铁公司和政府对于站点溢价的估算和获取，降低公共交通运营负担和不确定性、提高公交运营质量的同时带来更多商业吸引力。

在利益分配方面，中国城市虽然对于绿带进行了边界和限制开发上的立法限制，但是对绿带内部差异性、土地的开发、绿带地区政府的收税以及居民的就业影响等的考虑仍需进一步加强。在这方面，墨尔本绿楔基于不同资源禀赋对绿带进行划分，一方面通过交通走廊引导发展更集中于交通沿线，一方面对绿带生态涵养和文化充盈地区进行旅游开发，实现生态保护、用地节约和居民福利提升的做法，值得借鉴。

在技术细节方面，虽然 TOD 在中国遵照了高密度和混合开发的街区设计原则，但是在人文关怀方面需要进一步提高。比如虽然有步行的道路，但与站点的连接性却一般，或者连接站点、住宅与服务的步行距离仍然较远，路途中没有舒适的落脚点和休息地，没有生趣盎然的街景、安全的照明和适度的隔离等等。虽然这些细节看起来和低碳的城市街区空间格局没有直接相关，但它却是影响居民日常采用何种出行模式，出行目的远近选择的重要因素。

良好的城市街区布局、交通线引导发展和站点周围合理人性化的开发，并在规划中吸引一定程度公众参与。从宏观、中观和微观多管齐下，才能够创造"多慢速少开车"的社会生活习惯养成，推动交通和建筑碳源排放，进而实现可持续的低碳发展。

四、低碳街区空间布局规划策略

（一）宏观层面

从宏观层面上来说，低碳城市街区空间规划策略包括如下几个方面。

（1）加强对城市街区空间的产城融合规划引导

当前，我国正处于城镇化高速发展阶段，在制定城市街区建设规划时，应按照集约紧凑、公交引领、混合利用、产城融合的原则进行新增用地设计及旧城区更新。产城融合除了在经济上实现相互促进，在空间上应抓好产业园区与生活区在空间上的临近，促进就业人口、居住人口、基础服务在数量与消费水平上的匹配。

（2）积极推进城市开发支路密度增长

在现有城市街区肌理上，认真落实中共中央、国务院关于推动街区化的原则，研究提高小街区比例的措施，协调各利益方，积极推进城市支路密度增长。同时，积极营造适于慢行的街区环境，促使城市功能回归。

（3）因地制宜提高慢行交通比重

充分发展非机动车交通系统和公共交通，提倡自行车、步行等慢行交通方式，做好城市慢行交通系统的无障碍规划，为慢行交通提供安全、舒适、便捷的环境。同时大力发展城镇公共交通、城镇轨道交通，降低居民对私家车的需求，规划、建设和改善非机动车专用道，缩小私人小汽车与绿色出行模式在城市内部可达性的差距。

（二）微观层面

从微观层面上来说，低碳城市街区空间规划策略包括构建低碳交通基础、推进土地利用方式与交通网络互动以及提高碳汇效率等三方面。

1. 构建低碳交通基础

建设步行优先的邻里社区。步行优先邻里社区的设计意义在于，将原来居民需要开车或者使用其他机动工具前往的目的地设置到居住地步行可达的范围内，从而降低城市街区交通碳排放。一方面，在居住地内部及附近布局日常需求的基础功能，比如购物、生活服务、多样化的中小型餐饮等供给差异化程度较低、可替代性高、一般追求最近距离优先的目的地。另一方面，对需要到较远地方才能实现的出行目的，在社区中提供短距离步行可达的公交站点（包括城市轨道、快速公交和普通公交）。最后，从以人为本和站在步行者出行的角度，营造舒适、安全、快捷、赏心悦目的步行环境。包括植被和长椅的设置、艺术品设置及道路设计，更有魅力、更有趣的步行环境来取代围墙等。通过设计可进入的或视线可穿过的临街面，可以实现这一设计理念。通过增加店铺和其他建筑的步行出入口，可以实现建筑临街面的可进入性。通过窗户、部分透明的墙壁或可进入的开放空间（如操场或公园），可以实现临街面的视线可穿透性。这些措施均适用于公共人行道沿线的建筑临街面。良好的步行街区与街道设计案例如图6-10所示，从左到右分别是武汉步行街、北京古街及香港商住混合街区。

（a） （b） （c）

图 6-10 良好的步行街区与街道设计案例
（a）武汉步行街；（b）北京古街；（c）香港商住混合街区

适宜步行邻里社区的一个重要设计标准，是小街区占多数。小街区是密集道路网络的基本建筑模块，是低碳城市街区网络的主要特征。小街区可以提供更短的路线，提高出行效率，尤其是缩短行人的步行距离。从图6-11、图6-12两条步行路线的对比可以看出，同样的直线距离，在越小的街区行程距离越短。较小的街区将两条路线的长度分别缩短了43%和44%，小型街区能够缩短平均出行距离。

从参数上讲，近10年来不少研究针对合适的街区尺度做了不同地理背景下的研究，从不同的维度提出了不同的参考标准。比如，在功能容纳底线（70m×70m，即街区规模大于0.5公顷）基础上，提出了城市空间可渗透性方面最优的70～90m，即0.5～0.8公顷街区；土地经济效益最高的60～180m临街面，即0.5～4.8公顷街区；社区活动最大化的80m×110m街区；最有利于聚集行人活动的 50 ~ 70m 宽度街区。总之，居住区街区面积应不大于 5 公顷。从行人体验的角度，安全愉悦的街区步行环境微观空间设计策略如表 6-3 的参考标准所示。

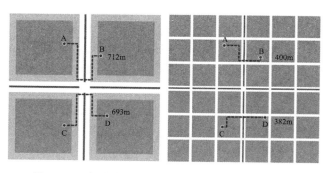

图 6-11　超大街区　　　　图 6-12　小街区

来源：Peter Carthorpe. 2010.

　　创建密集的街道网络。国内大部分城市出现的大型干道比例过高，造成各种目的出行均需汇聚使用干道，导致拥堵的规划道路空间布局局面，理论上受勒柯布西耶（提倡快速机动车流的街道设计观）和（佩里社区与商业区明确隔离，并将社区内部树状交通与外部道路分割开的标准布置）的理念影响，而实践中受苏联规划设计体系的影响。1995 年颁布的《城市道路交通规划设计规范》规定了人口大于 200 万的城市路网密度为 5.4 ~ 7.1km/km²，但在实行快速机动车增长策略的过去 20 年中，该标准已经无法实现顺畅的机动车通行。加上大街区形成的大部分路网由主要干道组成，支路等低级道路一方面数量少、比例低、设计不合理（断头路及错位路比例大），导致低级路网不能分担城市交通增长带来压力。近年来，不少文献对中国与发达国家主要城市路网密度及不同级别路网比例的研究发现，我国大城市平均路网密度是发达国家城市的一半（图 6-13）。其最主要的数量差别来源于低级别道路的设计布局差异，发达国家道路虽然普遍狭窄，但低等级道路四通八达，较小的标准街区（经典的比如巴塞罗那和波特兰）天然形成了细密的路网。不少地区则通过平行设计（由狭窄街区分开的平行单向二分路）一方面消除导致大马路拥堵的左转弯问题而节省时间，另一方面给街道两侧商业带来更多的客源。在中国，昆明呈贡新区提供了在原有大街区空间格局下逐步进行细密化街道和小街区改造的良好示范。美国能源基金会针对该改造过程进行了较为清晰的阐述，如图 6-14 所示。

　　优先发展慢行网络。除了上述指标外，可持续城市一个重要的特征是包括无车道。根据英国交通部 2014 年全国出行调查结果，英国都市区 80% 人口实现大部分出行可以通过自行车或者步行舒适地完成，英国 75% 居住在距离中小学 15min 骑行范围内，90% 居民居住在距离巴士站 6min 步行距离内，2/3

162

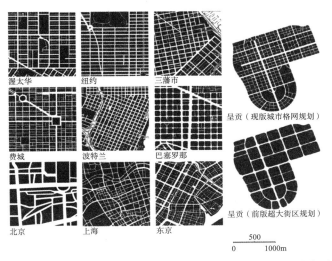

图 6-13 北京、上海与昆明呈贡城市街道网络与世界著名城市对比

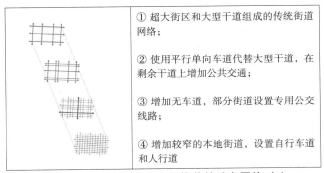

	① 超大街区和大型干道组成的传统街道网络;
	② 使用平行单向车道代替大型干道,在剩余干道上增加公共交通;
	③ 增加无车道,部分街道设置专用公交线路;
	④ 增加较窄的本地街道,设置自行车道和人行道

图 6-14 传统街道网络与推荐的城市网络对比

的居民个人平均出行距离在 5 英里(9km)以内。良好的自行车与步行网络不仅降低了客运交通碳排放,而且提升了 40% 购物客流,对 2010 年英国 GDP 的贡献达到了 29 亿英镑。骑行一直与充满活力的城市文化复苏关联在一起。应该设置覆盖全城的自行车道网络,通过与小汽车交通隔开的专用车道,对行人和骑行者提供保护。国际上普遍认可的部分城市低碳自行车网络设计标准如表 6-3 的参考标准所示。

2. 推动土地开发与交通合理耦合

优化产城融合的空间结构。以产兴城、以城促产的关键,在于实现就业人口与居住人口结构的匹配。在城镇化过程中,能够为新增城市人口找到合适的就业供给;在工业化过程中,能够为产生力的提升匹配合适的劳动力。劳动力的供需在空间上近距离的匹配,是低碳城市街区空间布局对产城融合更深一步的要求,体现在产业园区就业供需数量均衡(理想的职住比在数量上一般为

1.5～1.6：1）以外的质量上的匹配（劳动密集型产业区配套高比例经济适用房，技术密集型产业区配套高比例中高端住房），实现小尺度职住均衡。同时，配套与劳动力消费水平与结构相适应的基础服务，如零售、餐饮、游憩等，也在生活区周边以混合利用形式镶嵌于小街区之中，最终形成低碳产城融合的发展局面。

轨道交通引领重点区域紧凑开发。交通与用地的一体化是提高城市交通效率、改善交通出行结构、缓减城市交通拥堵的根本手段。当前，我国很多城市中无序的高强度开发和对小汽车交通的过度依赖导致了交通拥堵、居住环境恶化等问题。轨道交通引领重点区域紧凑开发，实现高密度开发与大容量的公共交通紧密结合，能够在小街区的基础上通过方便的公共交通可达性，实现低碳的远距离出行。在城市宏观层面，应对开发强度的分布进行总体统筹布局，基于产城融合的空间匹配要求，合理分析人口的就业、居住、服务需求属性带来的总体出行轨迹，将与公共交通运量相匹配，实现居住人口和岗位的分布与公交运力相匹配。

3. 优化城市街区碳汇空间布局

开放绿地空间作为城市街区少数的碳汇，每公顷绿地每天消耗二氧化碳约为900kg，生产的氧气约为750kg，是任何宜居城市中的关键部分。小块分散式绿地由于靠近居民的日常生活空间降低了居民到达的交通需求，减少了能源消耗和碳排放。良好的绿地碳汇效果，由城市绿地总量及分布两部分指标反映。充足而分散于各个规划良好的小型街区与道路中的绿地是理想的低碳城市街区空间布局重要组成部分，部分重要指标阈值如表6-3参考标准所示。

五、低碳街区空间布局的规划导则

导则旨在为城市开发设立标准，试图构建一个优质、负责任的、宜居而环保的设计框架。根据上述研究，本设计导则列举了一些简单易行的设计标准，这些标准在保证了机动车流运行的前提下强化了公交、步行和自行车交通（表6-4）。设计导则从产城融合、公交引领、混合利用、小型街区、绿地固碳、紧凑发展几个方面出发，注重营造低耗能、低排放，环境危害小，而且更加宜居的城市街区空间布局。

低碳城市街区空间布局的规划导则 表 6-4

策略方向	规划导则
深化低碳产城融合布局	产业区周围提供与就业人群数量与消费结构匹配的一二级住房供给； 工业生活邻里配套符合居住人群及家庭型就业人口的基础服务功能； 产业区与市中心、临近跨行政区域对接便捷公共交通，实现空间互联，功能互补

策略方向	规划导则
设计适宜慢行的街道和街区	通过小街区改造，提高城市支路密度及连通性； 在 0.5 公顷街区规模底线上，根据社区功能侧重，设计不同小街区规模； 通过出台不同规模城市社区慢行道路长度比重、公交供给、路口设计标准，规范指导各地小街区建设，将步行与自行车道路规划纳入规划体系
提倡混合型土地利用	从城市控规层面，提出主要就业、居住、服务用地类型混合要求； 从城市详规层面，提出在居住社区及交通站点步行可达范围内混合设置餐饮、生活服务、零售商业、娱乐休闲的要求及因地制宜的标准； 鼓励立体、紧凑开发
公共交通导向	牢固树立以公共交通延伸方向引导城市新增土地开发与旧城改造的思想； 因地制宜，在重要公交节点周边进行高密度综合开发； 同时做好区域交通联通换乘与本地最后 1km 舒适慢行设计
充足而分布均匀的城市绿地	城市建成区绿地率达 40%，人均绿地面积超过 12m^2； 绿地分布均匀，人均步行至居住或工作地最近绿地小于 600m

参考文献

[1] R. G. Holcombe and D. W. Williams.Urban sprawl and transportation externalities[J]. The Review of Regional Studies，2010（40）：257.

[2] P. Zhao.Sustainable urban expansion and transportation in a growing megacity：Consequences of urban sprawl for mobility on the urban fringe of Beijing[J].Habitat International，2010（34）：236-243.

[3] R. Ewing，R. Pendall，and D. Chen.Measuring sprawl and its transportation impacts[J]. Transportation Research Record：Journal of the Transportation Research Board，2003：175-183.

[4] R. Ewing，R. Pendall，and D. Chen.Measuring sprawl and its impact：the character and consequences of metropolitan expansion[M].Washington，DC：Smart Growth America，2002.

[5] P. Gordon and H. W. Richardson.Defending suburban sprawl[J]. Public interest，2000：65.

[6] E. Miller and A. Ibrahim.Urban form and vehicular travel：some empirical findings[J]. Transportation Research Record：Journal of the Transportation Research Board，1998：18-27.

[7] Marshall J D, Brauer M, Frank L D. Healthy Neighborhoods: Walkability and Air Pollution[J]. Environmental Health Perspectives, 2009, 117（11）: 1752-1759.

[8] Boarnet M. Impact of Jobs-Housing Balance on Passenger Vehicle Use and Greenhouse

Gas Emissions[J]. 2014.

[9] Arrington G B, Cervero R. Effects of TOD on Housing, Parking, and Travel[J]. Tcrp Report, 2008.

[10] Rodier C. Review of international modeling literature: transit, land use, and auto pricing strategies to reduce vehicle miles traveled and greenhouse gas emissions [J]. Institute of Transportation Studies Working Paper, 2009, 45（2132）: 1-12.

[11] Marshall J D. Energy-efficient urban form[J]. Environmental Science & Technology, 2008, 42（9）: 3133-3137.

[12] Cervero R, Murakami J. Effects of built environments on vehicle miles traveled: evidence from 370 US urbanized areas[J]. Environment and planning A, 2010, 42（2）: 400-418.

[13] Makido Y, Dhakal S, Yamagata Y. Relationship between urban form and CO_2 emissions: Evidence from fifty Japanese cities[J]. Urban Climate, 2012, 2: 55-67.

[14] Lee S, Lee B. The influence of urban form on GHG emissions in the US household sector[J]. Energy Policy, 2014, 68: 534-549.

[15] Webster D, Bertaud A, Jianming C, et al. Toward efficient urban form in China[R]. Working paper//World Institute for Development Economics Research, 2010.

[16] D. Hawkes, Energy and urban built form: Elsevier, 2012.

[17] Y. Ko and J. D. Radke.The effect of urban form and residential cooling energy use in Sacramento, California[J].Environment and planning B: Planning and Design, 2014（41）: 573-593.

[18] S. Wang, X. Liu, C. Zhou, J. Hu, and J. Ou.Examining the impacts of socioeconomic factors, urban form, and transportation networks on CO_2 emissions in China's megacities[J].Applied Energy, 2017（185）: 189-200.

[19] Y. Yin, S. Mizokami, and K. Aikawa.Compact development and energy consumption: Scenario analysis of urban structures based on behavior simulation[J]. Applied Energy, 2015（159）: 449-457.

[20] H. Ye, X. He, Y. Song, X. Li, G. Zhang, T. Lin, et al..A sustainable urban form: The challenges of compactness from the viewpoint of energy consumption and carbon emission[J]. Energy and Buildings, 2015（93）: 90-98.

[21] S. Spears, M. G. Boarnet, S. Handy, and C. Rodier.Impacts of Land-Use Mix on Passenger Vehicle Use and Greenhouse Gas Emissions[J]. Policy, 2014（9）: 30.

[22] E. McCormack, G. Scott Rutherford, and M. Wilkinson.Travel impacts of mixed land use neighborhoods in Seattle, Washington[J].Transportation Research Record: Journal of the Transportation Research Board, 2001: 25-32.

[23] K. Kockelman.Travel behavior as function of accessibility, land use mixing, and land

use balance：evidence from San Francisco Bay Area[J].Transportation Research Record：Journal of the Transportation Research Board，1997：116-125.

[24] 申凤，李亮，翟辉. "密路网，小街区" 模式的路网规划与道路设计——以昆明呈贡新区核心区规划为例 [J]. 城市规划，2016，40（5）：43-53.

[25] 伍学进. 城市宜居性短街道与小街区公共空间研究 [J]. 北京规划建设，2010（3）：89-91.

[26] 卞洪滨. 小街区密路网住区模式研究——以天津为例 [D]. 天津大学，2010.

[27] 王轩轩，张翔，许险峰. 可持续发展的小街区模式优势与规划设计原则探讨 [J]. 中国城市规划学会. 生态文明视角下的城乡规划——2008 中国城市规划年会论文集. 大连：大连出版社，2008.

[28] Luo X，Dong L，Dou Y，et al. Factor decomposition analysis and causal mechanism investigation on urban transport CO_2 emissions: Comparative study on Shanghai and Tokyo[J]. Energy Policy，2017，107: 658-668.

[29] Lyu G，Bertolini L，Pfeffer K. Developing a TOD typology for Beijing metro station areas[J]. Journal of Transport Geography，2016，55: 40-50.

[30] Doulet J F，Delpirou A，Delaunay T. Taking advantage of a historic opportunity? A critical review of the literature on TOD in China[J]. Journal of Transport and Land Use，2017，10（1）：77-92.

[31] 李秀伟，张宇. 从规划实施看北京市 "产城融合" 发展 [J]. 北京规划建设，2014,1.

[32] 李文彬，陈浩. 产城融合内涵解析与规划建议 [J]. 城市规划学刊，2012.

[33] 刘瑾，耿谦，王艳. 产城融合型高新区发展模式及其规划策略——以济南高新区东区为例 [J]. 规划师，2012，28（4）：58-64.

[34] 林华. 关于上海新城 "产城融合" 的研究——以青浦新城为例 [J]. 上海城市规划，2011（5）：30-36.

[35] 张道刚. "产城融合" 的新理念 [J]. 决策，2011（1）：1-1.

[36] 邱希阳. 基于低碳理念下的城市绿地设计研究 [D]. 浙江农林大学，2011.

[37] 叶祖达. 建立低碳城市规划工具——城乡生态绿地空间碳汇功能评估模型 [J]. 城市规划，2011 (2)：32-38.

[38] 赵彩君，刘晓明. 城市绿地系统对于低碳城市的作用 [J]. 中国园林，2010，26（6）：23-26.

[39] 何华. 华南居住区绿地碳汇作用研究及其在全生命周期碳收支评价中的应用 [D]. 重庆大学，2010.

[40] 张浩，王祥荣. 上海与伦敦城市绿地的生态功能及管理对策比较研究 [J]. 城市环境与城市生态，2000（2）：29-32.

[41] J. Morphet，Effective Practice in Spatial Planning：Taylor & Francis，2010.

[42] R. Cervero and K. Kockelman.Travel demand and the 3Ds：density，diversity，and

design[J].Transportation Research Part D: Transport and Environment, 1997, 2: 199-219.

[43] N. Karathodorou, D. J. Graham, and R. B. Noland.Estimating the effect of urban density on fuel demand[J]. Energy Economics, 2010, 32: 86-92.

[44] Frank L D. An analysis of relationships between urban form (density, mix, and jobs: housing balance) and travel behavior (mode choice, trip generation, trip length, and travel time)[J]. Transportation Research Part A, 1996, 1 (30): 76-77.

[45] R. Vickerman and T. Barmby.Household trip generation choice—Alternative empirical approaches[J].Transportation Research Part B: Methodological, 1985, 19: 471-479.

[46] R. Etminani-Ghasrodashti and M. Ardeshiri.The impacts of built environment on home-based work and non-work trips: An empirical study from Iran[J].Transportation Research Part A: Policy and Practice, 2016, 85: 196-207.

[47] J. Scheiner and C. Holz-Rau.Travel mode choice: affected by objective or subjective determinants?[J]. Transportation, 2007, 34: 487-511.

[48] L. Frank, M. Bradley, S. Kavage, J. Chapman, and T. K. Lawton.Urban form, travel time, and cost relationships with tour complexity and mode choice[J]. Transportation, 2008, 35: 37-54.

[49] C. Chen, H. Gong, and R. Paaswell.Role of the built environment on mode choice decisions: additional evidence on the impact of density[J].Transportation, 2008, 35: 285-299.

[50] J.-S. Lee, J. Nam, and S.-S. Lee.Built environment impacts on individual mode choice: An empirical study of the Houston—Galveston metropolitan area[J]. International journal of sustainable transportation, 2014, 8: 447-470.

[51] O. Johansson and L. Schipper.Measuring the long-run fuel demand of cars: separate estimations of vehicle stock, mean fuel intensity, and mean annual driving distance[J]. Journal of Transport Economics and policy, 1997: 277-292.

[52] T. Schwanen and P. L. Mokhtarian.What if you live in the wrong neighborhood? The impact of residential neighborhood type dissonance on distance traveled[J]. Transportation Research Part D: Transport and Environment, 2005, 10: 127-151.

[53] J. Holtzclaw, R. Clear, H. Dittmar, D. Goldstein, and P. Haas.Location efficiency: Neighborhood and socio-economic characteristics determine auto ownership and use-studies in Chicago, Los Angeles and San Francisco[J].Transportation planning and technology, 2002, 25: 1-27.

[54] R. Ewing and R. Cervero.Travel and the built environment: a meta-analysis[J].Journal of the American planning association, 2010, 76: 265-294.

[55] Dantzig G B. Compact city[M]. WH Freeman and Comp., 1973.

[56] Barton H. Sustainable communities: The potential for eco-neighborhoods[M]. Routledge, 2013.

[57] E. Holden and I. T. Norland.Three challenges for the compact city as a sustainable urban form：household consumption of energy and transport in eight residential areas in the greater Oslo region[J].Urban studies, 2005, 42：2145-2166.

[58] E. W. Martin and S. A. Shaheen.Greenhouse gas emission impacts of carsharing in North America[J]. IEEE Transactions on Intelligent Transportation Systems, 2011, 12：1074-1086.

[59] 陈莎, 殷广涛, 叶敏. TOD 内涵分析及实施框架 [J]. 城市交通, 2008, 6（6）: 57-63.

[60] 赵晶. 适合中国城市的 TOD 规划方法研究 [D]. 清华大学, 2008.

[61] 张明, 刘菁. 适合中国城市特征的 TOD 规划设计原则 [J]. 城市规划学刊, 2007(1): 91-96.

[62] Austin M, Belzer D, Benedict A, et al. Performance-based transit-oriented development typology guidebook[J]. 2010.

[63] Chavan A. Planetizen's Contemporary Debates in Urban Planning[M]. Island Press, 2007.

[64] 陈挚. 城市更新中的生态策略——以汉堡港口新城为例 [J]. 规划师, 2013, 29（1）: 62-65.

[65] H. W. Batt.Value capture as a policy tool in transportation economics：an exploration in public finance in the tradition of Henry George[J].American Journal of Economics and Sociology, 2001, 60：195-228.

[66] Chi-Man Hui E, Sze-Mun Ho V, Kim-Hin Ho D. Land value capture mechanisms in Hong Kong and Singapore: A comparative analysis[J]. Journal of Property Investment & Finance, 2004, 22（1）: 76-100.

[67] Martínez L M, Viegas J M. Metropolitan transportation systems financing using the value capture concept[C]//11th World Conference on Transport Research conference, Berkeley (CA, USA). 2007.

[68] Modelewska M, Medda F. Land value capture as a funding source for urban investment: The Warsaw metro system[J]. 2011.

[69] F. Medda.Land value capture finance for transport accessibility：a review[J]. Journal of Transport Geography, 2012, 25：154-161.

[70] G. Li, X. Luan, J. Yang, and X. Lin.Value capture beyond municipalities：transit-oriented development and inter-city passenger rail investment in China's Pearl River Delta[J].Journal of Transport Geography, 2013, 33：268-277.

[71] J. R. McIntosh，P. Newman，R. Trubka，and J. Kenworthy.Framework for land value capture from investments in transit in car-dependent cities[J]. Journal of Transport and Land Use，2015.

[72] 唐娅娇，谭丹 . 长株潭城市群推进低碳城镇化的思考 [J]. 经济地理，2011，31（5）：770-772.

[73] 熊岭，李亮 . 低碳理念下公共开放空间优化研究 [J]. 现代商贸工业，2013（13）：83-84.

第七章 促进城镇化空间布局低碳发展的规划编制优化调整

城镇化规划具有刚性性质，建设一旦形成就很难改变，并会对城镇化地区的经济活动、生产方式、生活方式、生态环境等方面产生深远影响。如果一座城市（镇）在规划建设开始就不合理，那么在其以后的运行过程中实现碳减排就会很困难。因此科学合理的城镇化规划担负着城镇化低碳发展的重要角色，是低碳城镇化的关键。城镇化是一项系统工程，涉及多个领域。在我国，与城镇化发展相关规划较多，有主体功能区规划、区域规划、经济社会发展规划、城乡规划、土地利用总体规划以及与我国管理体制相适应的各部门专业性规划，如交通规划、环境规划、基本公共服务规划等。考虑到低碳城镇化的核心在城镇建设，本章为了聚焦其研究内容，使研究对策更具针对性，特定将研究对象设定在与城（市）镇建设最直接、关系最密切的城乡规划领域。

一、城镇化规划体系的现状

我国经过多年的理论和实践探索，逐步形成包括城镇体系规划、城市（镇）总体规划（包括分区规划）、城市详细规划在内的城镇化规划体系。

专栏 7-1

城镇化相关规划的基本内容

——城镇体系规划。根据住房城乡建设部颁布的《城市规划编制办法》，在编制城市总体规划前，要先原则确定城镇体系的结构和布局。城镇体系规划就是在一定地域范围内，以区域生产力合理布局和城镇职能分工为依据，确定不同人口规模等级和职能分工的城镇的分布和发展规划。

——城市总体规划。城市总体规划是对一定时期内城市性质、发展目标、发展规模、土地利用、空间资源利用、空间布局以及各种建设的综合部署。总体规划的期限一般为20年。根据需要，在编制总体规划前，

可以编制总体规划纲要。大城市，尤其特大城市，一般都应编制纲要。

——城市详细规划。城市详细规划分为控制性详细规划和修建性详细规划。控制性详细规划在于控制建设用地的性质、使用强度和空间环境，作为城市规划管理的依据，并指导修建性详细规划的编制。修建性详细规划，是当前要进行建设的地区，编制此规划，用以指导各项建筑和工程设施的设计和施工。修建性详细规划是以"控规"作为依据的。

（一）形成了以《城乡规划法》为基础的法律法规体系

2007 年《城乡规划法》颁行以来，我国城乡规划领域逐步建立了以《城乡规划法》为基础，包含配套的地方法规、部门规章的城乡规划法规体系，各级政府及其城市规划主管部门还制定了大量的规范性文件和政策性文件。城乡规划编制的技术标准和技术规范也逐步建立。

1.《城乡规划法》

《中华人民共和国城乡规划法》对我国城乡规划制定和实施管理等作出了系统规定，是城乡规划法规体系的基本法。制定和实施城乡规划，进行各项建设活动以及制定城乡规划配套法规、规章，都必须以《城乡规划法》为基本依据。

2.《城乡规划法》配套行政法规

《村庄和集镇规划建设管理条例》（以下简称《条例》）是我国第一部关于村庄和集镇规划建设管理的行政法规。《条例》对我国村庄和集镇规划建设管理的方针政策、工作重点、范围、管理程序等涉及村庄和集镇规划建设管理的重大问题做出了原则规定。《条例》既是村庄和集镇规划建设管理的主要法律依据，也是制定村庄和集镇规划建设管理部门规章和地方法规、规章的依据。1985 年 6 月 7 日通过的《风景名胜区管理暂行条例》是对我国各地各级风景名胜区实施规划管理的法律依据。

3. 部门规章和地方性法规、规章

20 多年来，住房城乡建设部根据《城乡规划法》和《村庄和集镇规划建设管理条例》，制定了一系列城乡规划部门规章，主要包括《城乡规划编制办法》《城镇体系规划编制审批办法》《建制镇规划建设管理办法》《城市国有土地使用权出让转让规划管理办法》《开发区规划管理办法》等。

除部门规章外，各省、自治区、直辖市人民代表大会及其常务委员会，唐山、包头、大连、青岛、宁波、洛阳等一些较大的城市，根据行政区域的具体情况和实际需要，依据"一法一条例"和部门规章，制定了大量地方性法规，如各省、市制定了城市规划条例或城市规划实施办法等。另外，各省、自治区、直辖市和较大的市的人民政府，还根据"一法一条例"和有关地方性法规，出台了城乡规划方面的地方政府规章。例如，上海市人民政府颁布了《上海市城市规划管理技术规定》、湖北省人民政府颁布了《湖北省城市建设管理条例（试行）》、深圳市人民政府颁布了《深圳市城市建设管理暂行办法》等。

4. 城乡规划技术标准和规范

城乡规划技术规范可分成国家规范和地方规范。国家规范大多由住房城乡建设部组织编制，主要分为三类。一是综合类基本标准规范。如《城市规划基本术语》《城市用地分类与规划建设用地标准》《城市用地分类代码》《建筑气候区划标准》等。二是城乡规划编制规范。如《城市规划编制办法实施细则》《历史文化名城保护规划编制要求》《城市居住区规划设计标准》《村镇规划标准》等。三是城乡规划各专业规划设计规范。如《城市道路交通规划设计规范》《城市工程管线综合规划规范》《停车场规划设计规则》，以及城市防洪、供水、电力等各专业规划设计规范。

（二）形成了规划分级编制和分级审批制度

1. 规划的编制

各级政府依据《城乡规划法》负责组织编制各级各类城乡规划。

——城镇体系规划的编制。国务院城市规划行政主管部门和省、自治区、直辖市人民政府分别组织编制全国和省、自治区、直辖市的城镇体系规划，设市城市和县级人民政府所在地镇的总体规划也包括市或者县的行政区域的城镇体系规划。城镇体系规划用以协调区域内包括城市和农村在内的各等级居民点空间布局和发展规模，协调区域性重大基础设施和公共设施布局和建设，指导自然、人文资源的保护和合理开发利用，指导生态环境保护以及下一层次城乡规划的编制。

——城市规划的编制。城市人民政府负责组织编制城市规划，县级人民政府所在地镇的城市规划，由县级人民政府负责组织编制。其他建制镇规划在县级以上地方人民政府规划行政主管部门指导下，由镇人民政府组织编制。设市城市市区范围内的镇，不再单独编制总体规划和详细规划。城市（镇）总体规划内容一般包括：城市的性质、发展目标和发展规模、城市主要建设标准和定额指标，城市建设用地布局、功能分区和各项建设的总体部署，城市综合交通体系和河湖、绿地系统，以及各项专业规划和近期建设规划。编制城市规划一般分总体规划和详细规划两个阶段进行。大城市、中等城市为了进一步控制和确定不同地段的土地用途、范围和容量，协调各项基础设施和公共设施的建设，在总体规划基础上，还进行分区规划编制。城市详细规划在城市总体规划或者分区规划的基础上，对城市近期建设区域内各项建设作出具体规划。城市详细规划应当包括：规划地段各项建设的具体用地范围，建筑密度和高度等控制指标，总平面布置、工程管线综合规划和竖向规划。

2. 规划的审批

按照《城乡规划法》的规定实行分级审批。

直辖市的城市总体规划，由直辖市人民政府报国务院审批。省和自治区人民政府所在地城市、城市人口在100万以上的城市及国务院指定的其他城市的总体规划，由省、自治区人民政府审查同意后，报国务院审批。其他设市城市和县级人民政府所在地的总体规划，报省、自治区、直辖市人民政府审批；其中市管辖的县级人民政府所在地镇的总体规划，报市人民政府审批；其他建制镇的总体规划，报县级人民政府审批。

城市人民政府和县级人民政府在向上级人民政府报请审批城市总体规划前，须经同级人民代表大会或者其常务委员会审查同意。城市人民政府可以根据城市经济和社会发展需要，对城市总体规划进行局部调整，报同级人民代表大会常务委员会和原批准机关备案；但涉及城市性质、规模、发展方向和总体布局重大变更的，须经同级人民代表大会或者其常务委员会审查同意后报原批准机关审批。

城市分区规划由城市人民政府审批。城市详细规划由城市人民政府审批；编制分区规划的城市的详细规划，除重要的详细规划由城市人民政府审批外，由城市人民政府城市规划行政主管部门审批。

（三）规划的实施管理推行了"一书两证"许可制度

城乡规划管理部门依据相关法律法规和经批准的城乡规划，依法核发相应规划许可。以核发规划许可为核心的规划实施管理程序和制度，对城乡各项建设用地和建设活动进行控制、引导。"一书两证"制度是《城乡规划法》确定的城市规划许可制度的核心。"一书"即建设项目选址意见书，"两证"即"建设用地规划许可证"和"建设工程规划许可证"。依据经批准的城市规划，对城市土地利用和建设活动进行规划审批，核发"一书两证"是城市规划实施管理的主要内容。这项制度执行以来，对于保证城镇土地利用和各项建设活动按照规划有序进行，促进城镇健康、协调发展发挥了重要作用。

二、当前城镇化规划不适应城镇化空间布局低碳发展的主要表现

（一）低碳规划理念的推广仍受到认识水平的制约

我国仍处在工业化中期，主要依靠要素投入来驱动经济增长。在长期以来"以经济建设为中心"的发展战略指导下，低碳发展被"边缘化"，无论是政府、企业还是居民的低碳理念尚未树立，推进城镇化低碳发展在社会中还缺少足够的共识和有效的途径，低碳规划理念在城市规划建设中也才刚刚起步。

目前，我国城镇化规划理念存在一定偏差，大都是以"唯规模论""迅速提高城市化水平""增强城市经济功能"等为指导，城市低碳生态功能和可持续原则尚未成为规划的主导思想。以此为指导的城镇化规划，为了片面提高城市化率和扩大城市人口规模盲目扩大城市用地规模，最直接、有效的办法就是以行政命令侵占耕地，扩大城市（镇）建成区面积，带来城市的无序蔓延。一些城市在所谓"经营城市"理念下盲目进行旧城的成片改造，建造大马路、立交桥和拓宽旧街道，大规模砍伐树木和绿化带。

与此同时，不少城市认为，比起传统低成本环境中城市建设，建设低碳城市意味着，不但不能节省投资，相反需要为节能减排投入大量的新增成本，而低碳城市建设的综合效益却要通过一个较长的时间才能表现出来，低碳规划理念的推广还需要较长的一段过程。

（二）城市规划指标和内容设置滞后于城镇化低碳发展的需要

在规划的"物本主义"的导向下，规划内容和相应指标的设置基本局限在城镇的空间布局、用地规模及产业发展的安排上，能源等基础设置只作为配套处于从属地位。目前，既没有单独的低碳篇章，也没有在相关内容设置上体现低碳的发展理念。

第一，在城市总体规划层面。根据《城乡规划法》，城市总体规划是法定引导和调控城市发展、保护和管理城市空间资源的重要依据和手段。缺乏可分解量化的关于低碳的规划指标，在规划内容体系中也没有单独的低碳内容或专项规划方案。同时，当前城市总体规划在落实国家宏观碳减排目标方面缺乏应对的技术手段（如碳排放评估技术手段）和系统规划方法，现有的低碳规划探索主要是从宏观战略角度，基于优化能源结构、调整产业结构、转变生活方式等方面建立低碳城市构架，在规划技术层面关于碳排放与城市规划若干策略相关性研究一般都为定性的描述。

第二，在城市详细规划层面。城市详细规划指标控制的一个重要目标就是为了实现地区资源的平衡和地区的可持续发展。规划控制指标的选取，以及规定性指标和指导性指标的确定，是详细规划编制的重要内容，在很大程度上影响着规划目标的实现。虽说城市详细指标体系已相对成熟，但规定性指标强调的主要内容是对土地使用强度和配套设施的控制，其他指标作为指导性指标，特别是对事关城市可持续发展的碳指标缺乏，其内容仍然不完善。由于缺少低碳指标的内容，低碳评价技术在控规指标体系中的应用也不常见。究其原因，一方面，规划编制单位在低碳规划方面的技术力量有限，即使依靠总规对地区的粗线条指导勉强完成，实施性也不强，实效性不高；另一方面，在长期以来"以经济建设为中心"的发展战略指导下，低碳没有得到应有的重视，低碳被"边缘化"。

大连市城市总体规划（2009-2020）指标体系

表 7-1

类别	子类	序号	指标	2015 年	2020 年	2030 年	属性
经济蓬勃	经济实力	1	GDP 总量（亿元）	10000	18500	44000	引导性
		2	人均 GDP（美元／人）	19000	31600	64700	引导性
		3	财政收入占 GDP 比重（%）	9.5	10	11	评价性
		4	社会消费品零售总额占 GDP 比重（%）	35	48	60	引导性
	经济结构	5	服务业增加值占 GDP 的比重（%）	47	55	65	控制性
		6	旅游业收入占 GDP 的比重（%）	> 12	> 18	> 20	引导性
		7	金融业占 GDP 的比重（%）	7	10	15	评价性
		8	高新技术企业增加值占工业增加值比重（%）	60	80	85	控制性
	经济效益	9	单位工业用地工业增加值（亿元／km²）	63	> 90	> 100	控制性
		10	全社会劳动生产率（元／人）	50000	70000	90000	评价性
	国际化程度	11	外贸自营出口总额年增长率（%）	15 左右	13	10	评价性
		12	对外贸易系数（%）	49	57	68	引导性
社会和谐	人口	13	人口规模（万人）	780	860	1000	引导性
		14	人口自然增长率（‰）	0.64	0.60	0.55	评价性
		15	城镇化率（%）	76	82	85	引导性
		16	大专以上受教育人口比例（%）	18	32	48	引导性
	生活	17	城镇居民登记失业率（%）	4	3.5	3.3	控制性
		18	城镇职工养老、失业、医疗保险覆盖率（%）	98	100	100	控制性
		19	恩格尔系数	35	32	28	引导性
		20	城镇居民可支配收入（元／人）	40000	70000	120000	引导性
		21	农民人均纯收入（元／人）	26000	50000	100000	引导性
		22	城镇居民人均住宅建筑面积（m²／人）	29	30	30	控制性
		23	最低收入阶层住房保障率（%）	90	100	100	控制性
		24	500m 距离内有公园的居住小区比例（%）	> 80	> 90	100	控制性
		25	城市集中供热率（%）	91	95	95	控制性
		26	城市气化率（%）	> 95	100	100	控制性
	教育	27	R&D 经费支出占 GDP 比重（%）	≥ 3	4	5	引导性
		28	教育经费投入占财政支出的比重（%）	> 15	> 18	> 18	控制性
		29	每万人高等院校在校学生数（人）	470	550	600	引导性
	医疗卫生	30	卫生支出占政府财政支出比例（%）	4.5	4	4	控制性
		31	每千人医生数（人）	2.7	3	3	控制性
		32	每千人医院床位数（张）	4.6	4.8	4.8	控制性
		33	新型农村合作医疗覆盖率（%）	98	100	100	控制性

类别	子类	序号	指　标	2015 年	2020 年	2030 年	属性
社会和谐	体育文化	34	中心城区人均文化设施用地面积（m²/ 千人）	0.2	0.25	0.28	控制性
		35	中心城区人均体育设施用地面积（m²/ 千人）	0.28	0.34	0.36	控制性
	交通	36	公交出行率（%）	50	60	> 60	引导性
		37	平均通勤时间（min）	45	40	< 40	控制性
		38	中心城区人均道路面积（m²/ 人）	> 8	> 10	> 12	控制性
		39	集装箱年吞吐量（万标准箱 / 年）	800	1800	2300	引导性
		40	机场客运吞吐量（万人次 / 年）	1700	2500	3000	引导性
	旅游	41	旅游设施满意度（%）	90	98	100	评价性
	信息化	42	信息综合化指数（%）	85	> 90	> 95	控制性
环境友好	生态环境质量	43	城区人均公共绿地面积（m²/ 人）	12	14	15	控制性
		44	森林覆盖率（%）	45	50	55	控制性
		45	城市建成区绿化覆盖率（%）	50	55	60	控制性
	大气环境质量	46	SO_2 排放强度（kg/ 万元）	< 4	< 2.5	< 2	控制性
		47	城市总悬浮微粒年日平均浓度（$\mu g/m^3$）	< 150	< 100	< 80	控制性
	水环境保护	48	污水处理率（%）	90	100	100	控制性
		49	污水资源化利用率（%）	75	80	80	控制性
		50	集中式饮用水源地水质达标率（%）	100	100	100	控制性
		51	工业废水排放达标率（%）	99	100	100	控制性
		52	近岸海域环境功能区水质达标率（%）	96	100	100	控制性
	固体废弃物	53	危险废物处置和综合利用率（%）	100	100	100	控制性
		54	城市生活垃圾无害化处理率（%）	98	99	100	控制性
		55	农村生活垃圾无害化处理率（%）	50	90	95	控制性
		56	工业固体废弃物综合利用率（%）	85	95	> 98	控制性
		57	垃圾资源化利用率（%）	20	> 30	> 35	控制性
	声环境质量	58	环境噪声达标率（%）	> 80	> 90	> 90	控制性
	环保支持	59	环保投入占 GDP 比重（%）	> 2.3	> 3.5	> 3.5	控制性
资源节约	土地资源	60	中心城区人均建设用地面积（m²/ 人）	105	100	98	控制性
	水资源	61	日人均生活用水量（t/ 人）	0.23	0.24	0.25	引导性
		62	单位 GDP 水耗（m³/ 万元）	35	30	26	控制性
		63	水资源平衡指数（%）	80	70	70	引导性
		64	农村自来水普及率（%）	80	88	95	控制性

专栏7-2

城市详细规划控制性指标解释

城市详细规划规定性指标主要是对土地使用强度和配套设施的控制。

土地使用强度指标的控制主要是在不导致环境恶化的情况下，保证在土地开发建设中获得较高的经济效益，比如最能反映土地开发强度的规定性指标一容积率，控制下限是为了保证土地资源的不浪费，也是为了保证能够收回开发成本，控制上限不是为了优化地区环境，而是保证地区环境不恶化。

配套设施主要包括公共服务设施、停车场和绿地三部分，基本上是非营利性设施，主要作用是为了保障公众的基本生活需求。可见，控规规定性指标控制的作用更侧重于保障基本的城市空间环境和公众生活需求，距实现城市和地区的可持续发展，特别是低碳发展尚有较大差距。

（三）规划编制、审批及实施不利于低碳理念贯彻到规划

城市规划编制不适应低碳发展要求，按照人口规模确定用地规模、按照规划面积收取编制费助长了城市蔓延式扩张。在规划审批上，部门协调力度不够，往往忽略了低碳生态部门的参与。地方党政领导长官更换频繁，在政绩观的影响下，导致规划执行不力，或规划的频繁变动，造成建设的混乱和浪费。

第一，规划编制收费标准助长了城市蔓延式空间扩张。为了规范城市规划设计市场，制定并发布了城市规划行业统一收费指导标准。如城市总体规划，对城市规模在20万人口以下的小城市，每平方公里收费3.5万元；20万～50万人的中等城市，收费单价为3万元/km²；50万～100万人的大城市，收费单价为2.5万元/km²；100万人口的特大城市，收费单价为2万元/km²（表7-2）。相应的，对城市分区规划、控制性详细规划、修改性详细规划均有相应的收费标准。该标准的一个重要特点是"按面积计价"，如城市总体规划是按实际规划用地面积与不同规模城市收费单价之积计算。这导致一些规划设计单位，在利益的驱动下，不顾实际情况，恣意扩大规划范围及面积，导致城市规划的"贪大求新"等现象的产生。

第二，长官意志影响规划的编制和实施，导致建设的混乱和浪费，引发不

必要的碳排放。改革开放以来，尤其是城市规划法颁布以来，规划在经济、社会发展和城市现代化建设中，发挥着越来越大的作用，但长官意志依然在影响我国规划的编制和实施，尤其是在行政命令过分干涉的城市中，规划无法依靠自身所依据的理论或者意向来实现，受到多方面的行政干扰，尤其是地方一把手的干扰。主要表现在以下几方面，第一，领导意志影响城市规划，在规划编制中往往谁当领导就按谁的意图办事，谁官大就按谁的构想设计，把科学性放在一边，导致领导决定规划，以及决定重大项目的选址情况，导致盲目建设较为严重，碳排放居高不下。第二，由于地方党政领导长官更换频繁，在政绩观的影响下，导致规划执行不力，或规划的频繁变动，造成建设的混乱和浪费，导致大量的碳排放。

城市总体规划编制收费标准	表 7-2
城市人口规模	收费标准（万元 /km^2）
20 万人口以下的小城市	3.5
20 万 ~ 50 万人口的中等城市	3
50 万 ~ 100 万人口的大城市	2.5
100 万人口以上的特大城市	2

第三，缺乏规范有效的规划实效评价机制，特别是规划实施的碳排放评价缺乏。目前，从政府到规划师都在不断地编制各式各样的规划,但事后真正严谨、可靠的实效评价却极少去做。无论旧的规划实施的效果如何，新的规划总是源源不断地被推出来。大量规划实践并没有得到有效的评判和检讨，深层的符合中国国情的价值体系和理论体系并没有建立起来。即使有些地方开展了城市规划实效评价，但主要是由政府做出的。政府的评价结论往往较为笼统，表述仅是定性的，往往以"效果是好的、成功的"来论定，并不对城市规划运行机制的经验教训做更为深刻的评述。一些政府规划机构也会对个别规划实施状况进行评价，但主要目的是使规划的技术内容保持对经济社会环境的适应。原有规划目标往往并不作为评价的标准，取而代之的是现行政府政策所陈述的优先性目标。这种常见的评价结论往往是"原有规划已不能适应现实的发展"，但其真实的含义是指原有规划已不能满足现实政策目标的要求。这样修改，不关心过去的规划目标有多大程度的实现，而只关注当前规划将如何表达新的政策目标。此外，由于缺乏碳排放评估技术手段，对规划方案实施的碳排放评估更是一片空白。

（四）城乡规划与其他空间规划的协调性不够

我国的制度特征和基本国情决定了空间规划体系内部构成的多元化。我国在法律或政府文件中明确并具有全局影响的空间规划包括城乡规划、土地利用总体规划、主体功能区规划和生态功能区划，它们横向由住房和城乡建设部、国土资源部、国家发展和改革委员会、环境保护部四个部门归口管理，纵向涉及国家到地方、区域到城市、镇、村等多个层次，尚未形成统一有序的格局。从四类空间规划的发展历程及趋势看，共同做法都在不断强化对空间边界的管控，空间管制成为共同关注和追求的手段。城乡规划的空间管控以法定规划体系作为支撑，如"一书三证"（建设项目选址意见书、建设用地规划许可证、建设工程规划许可证、村镇建设工程规划许可证）、"三区"（禁止建设区、限制建设区、适宜建设区）和"四线"（蓝线、绿线、黄线、紫线）等，重点聚焦建设和非建设的关系问题，尤其关注非建设性空间的保育和调控。土地规划的核心是用途管制，进一步发展为建设用地空间管制，形成建设用地"三界四区"（规模边界、扩展边界、禁止建设边界、允许建设区、有条件建设区、限制建设区、禁止建设区）的管控体系。发展规划从原来的"目标规划"逐步演变成主体功能区规划，表现出"管空间、要落地"的强烈意愿。生态功能区划的三级功能区划分为地面物质提供其生态基础的"底图"，强调保持空间生态功能的可持续性。

在四类空间规划并存且共同呈现强化空间管制趋向的情况下，各规划的横向协调、纵向衔接、基础语言、关注对象、实施效果等，都遭遇一系列挑战。一是规划目标差异大。各类空间规划价值观、关注点乃至出发点不尽相同，导致规划目标、内容和结果大相径庭的现象时有出现。二是布局规模各说各。尽管各类规划具有上级指导下级或上级调控下级的要求，但现实的状况是下级规划从自身利益出发，存在逐级放大规模、调控布局的现象。三是分类标准不统一。城乡规划的用地分类标准与土地规划的用地分类标准尚有差异。城乡规划用地分类主要关注土地使用方式，土地规划用地分类则主要按利用类型和覆盖特征划分，两者侧重点不同，用地分类内涵不同，适用范围不同，体系和表现形式有异，给规划对接造成了困难和障碍。

三、完善城镇化规划，促进城镇化空间布局低碳发展的基本思路

根据目前我国城乡规划体系的现状特征，针对当前城镇化规划不适应低碳城镇化发展的主要表现，下一步我国完善城镇化规划，促进低碳城镇化发展的基本思路是：坚持把低碳理念融入城市规划全过程，推动城乡规划体系低碳化改革，将低碳指标嵌入城乡规划的指标体系，在城市总体规划和城乡详细规划内容体系上增加低碳相关内容，建立城市规划碳排放评估系统，完善规划编制、审批及实施后评价制度，扎实推进低碳要素落地。

四、完善城镇化规划，促进城镇化空间布局低碳发展的建议

（一）将低碳理念有机融入城市规划体系

城镇化地区是碳排放的集中地，加快低碳城镇化发展成为应对气候及环境变化的重要内容，传统的城市规划理念面临着挑战。适应能源短缺和温室气体排放量增加的趋势，在城市规划理论研究和实践的过程中，应将低碳理念融入城市规划体系当中，促进城市规划与时俱进。将"低碳"作为城市规划发展理念实行相应的行动策略时，一定要做到全方位地开展，以期实现从碳输入到碳输出的全流程低碳化，促进低碳城镇化发展，使低碳发展与经济发展相结合，做到双赢。与此同时，要加强宣传，强化政府和公众对低碳发展的认知，在城市规划建设中加快形成低碳发展的共识，使低碳规划能尽快来自社会各界的支持。

当然，由于我国对低碳规划理论的研究明显不足，受其制约，我国城镇化的低碳规划往往还停留在初步探索阶段，还有很多工作要做。要充分借鉴发达国家的先进低碳规划理念，将先进的理念与城市现状相结合，在我国加快推进低碳城镇化的理论研究和推广。同时，也要充分认识到低碳规划对推进我国新型城镇化的必然性和艰巨性，只有充分认识到这个过程的必然性和艰巨性，我国才可能实现城镇化过程中低碳规划理念、低碳发展模式的深远转变。

（二）将低碳指标纳入城乡规划的指标体系

城市规划指标体系制约着城市规划的编制和实施。低碳指标是低碳城市规划的重要方面，没有指标体系，低碳城市规划将会失去前进的方向。因此，指标体系作为规划实施的主要控制手段，是将低碳理念由概念层面推进到城市规划建设可操作层面的关键所在。

第一，在城市总体规划层面。目前城市总体规划的各项指标均是在工业化过程中形成的，在当前我国大力发展低碳城镇化的形势下，城市总体规划指标体系需要加入新的能够反映城市低碳情况的指标（表 7-3）。一是交通、建筑等高耗能领域，为促进低碳交通、绿色建筑的发展，建议在公共交通中增加新能源汽车使用比例作为控制性指标，在建筑能耗中增加建筑节能率、建筑使用可再生能源比例作为控制性指标；二是为促进城市碳汇建设，建议在生态指标中增加林地覆盖率、城市绿地植树率等；三是在与低碳直接相关的能源领域，建议增加单位工业增加值能耗水平作为控制性指标，同时将增加集中供热水平、清洁能源使用比例、可再生能源比例等作为规划的引导型指标。

基于低碳发展完善的城市总体规划指标体系一栏表　　表 7-3

指标分类		指标名称说明	单位	指标类型
经济指标	经济发展指标	GDP 总量	亿元	引导型
		人均 GDP	元 / 人	引导型
		服务业增加值占 GDP 比重	%	引导型
		单位工业用地增加值	亿元 /km²	控制型
社会指标	人口指标	人口规模	万人	引导型
		人口结构	%	引导型
	医疗指标	每万人拥有医疗床位数 / 医生数	个、人	控制型
	教育指标	九年义务教育学校数量及服务半径	所、m	控制型
		高中阶段毛入学率	%	控制型
		高等教育毛入学率	%	控制型
	居住指标	低收入家庭保障性住房人均居住用地面积	m² / 人	控制型
	就业指标	预期平均就业年限	年	引导型
	公共交通指标	公交出行率	%	控制型
		新能源汽车使用比例	%	控制型
	公共服务指标	各项人均公共服务设施用地面积	m² / 人	控制型
		人均避难场所用地	m² / 人	控制型
资源指标	建筑能耗指标	建筑节能率	%	控制型
		建筑使用可再生能源比例	%	控制型
	水资源指标	地区可利用水资源	亿 m³	控制型
		万元 GDP 耗水量	m³ / 万元	控制型
		水平衡（用水量与供水量之间的比值）	百分比	控制型
	能源指标	单位 GDP 能耗水平	Tce/ 万元 GDP	控制型
		单位工业增加值能耗水平	Tce/ 万元 GDP	控制型
		集中供热水平	%	引导型
		清洁能源使用比例	%	引导型
		可再生能源比例	%	引导型
	土地资源指标	人均建设用地面积	m²	控制型
环境指标	生态指标	林地覆盖率	%	控制型
		城市绿地植树率	%	控制型
		绿化覆盖率	%	控制型
	污水指标	污水处理率	%	控制型
		资源化利用率	%	控制型
	垃圾指标	垃圾处理率	%	控制型
		垃圾资源化利用率	%	控制型
	大气指标	SO_2、CO_2 排放减消指标		控制型

第二，在城市详细规划层面。深化目前控制性详细规划的地块发展指标系统，并扩宽规划许可条件可包括的内容，以容纳以碳排放减量、能源、资源效率指标。在控制性详细规划阶段，要把低碳的核心要求纳入控规指标体系，把控规作为实施低碳导向的城市规划的重要抓手。考虑到反映低碳的关键性和可操作性，可将关键低碳指标（如建筑节能，雨水利用等）融入控规的规定，并作为刚性要求落实到地块开发建设中。此外，原有的控规指标，在制定时也要更多考虑资源能源节约，如容积率规定可增加对于下限的约束，出入口和停车场的安排更多考虑资源共享和促进公交的使用等。在修建性详细规划阶段，传统的城市设计和修建性详细规划，过分注重空间美学秩序和建筑立面造型，较少考虑资源能源的节约和循环利用。低碳设计方法的核心理念应该是"一减一加"，即"资源能源的减量和节约与人居环境舒适性的增加"，其关键在于对地方自然资源和气候条件的深入理解，并以"尊重自然、适应气候、生态优先"的准则进行规划设计，要更多地鼓励采用自然日照、通风、采光等被动式能源利用方式，同时充分利用可再生能源建筑一体化以及建筑节能的新技术，促进能源节约与资源减量。

第三，推进低碳指标落地。要把城市总体规划层面的低碳指标落实到地块层面，并与法定详细规划／地块开发（控制性详细规划、规划意见书、土地出让合同规划条件）建立明确的操作关系。宏观指标可以针对一个城市整体的社会、经济、环境情况而作出评估，提出基本概念，但当尺度落实到具体空间建设项目、土地开发、容积率、体量、规划设计方案等实施问题时，规划管理人员者需要相应的指标。举例来说，如果城市总体规划指标是要达到不少于20%之可再生能源使用率，在规划编制和管理过程中，须要把不同土地用途甚至个别地块得再生能源使用要求转化为可量度、可审批的详细规划指标，以法定和行政手段实施。

（三）在城乡规划内容设置上增加低碳相关内容

从城镇体系、城市的整体规划、空间布局到城市的交通系统、工业区块规划，再到城市建筑细节以及市政基础设施等方面的内容设置中，都要充分考虑以低碳节能为其重要目标，以保障低碳城镇化落到实处。在城镇体系层面，应注重运用高速公路、高速铁路和电信电缆的"流动空间"构建"巨型城市"；设计多中心、紧凑型城市的大都市空间结构；用新的功能性劳动分工来组织功能性城市区域；避免重复的城市空间功能分区。在总体规划层面，应综合考虑城市整体的形态构成、土地利用模式、综合交通体系模式、基础设施建设及固碳措施。在详细规划与城市设计层面，应根据总体规划确定的城市形态、土地利用、交通系统，对城市中功能相对集中的地区进行有针对性的研究，并提出具体的减少碳排放的规划对策。

完善城市规划内容体系，既可以考虑在城市总体规划上单独设置一章低碳城镇化的内容，也可以考虑在城市环境专项规划中将低碳发作为重要内容。

专栏 7-3

厦门市从城市环境专项规划中贯彻低碳理念

厦门市在城市环境规划中，以自身地理环境特点及地缘空间形态为依据，针对城市的经济生活、交通方式及建筑规划等领域深入挖掘低碳理念内涵，提出了相对科学的城市规划低碳发展目标。厦门市在城市规划设计中，首先坚持因地制宜和可持续发展的原则。通过对单位GDP能耗进行控制，逐年逐步降低城市碳排放总量的同时，重视景观生态学的科学应用，对城市空间结构进行细致规划，加大原有城市空间的土地开发利用率，依托原有城市绿地系统，建设具有一定规模性的城市居住网络。在城市绿地系统中，加强了斑块及廊道的景观生态作用及各个绿地系统之间的生态联系，尽量辅以乡土植物配置景观，从而维护地域环境生态多样性。

（四）建立城市规划碳排放评估系统

一是建立碳评估数据库。首先应对现状各类碳排放/清除源头的排放/清除水平进行评估，一方面建立起当地温室气体排放的基础数据库，另一方面摸清现状总体碳排放水平、碳排放结构，对当地碳排放的总量和主要构成形成清晰的认识。由于目前我国围绕城乡碳排放的相关数据统计工作非常不健全，各部门的数据统计口径不统一，碳排放相关计算数据来源非常分散，有些碳排放系数还需要开展大量的本地化研究工作，因此摸清家底、在数据库建立方面做好扎实的基础性工作，对支撑城市政府可持续地推动碳减排工作非常重要。从城市规划角度分析碳排放还应关注数据库建立的结构与方式，应区别于宏观统计分析部门的行业部门分类方法，应按照规划专业的条块划分形成数据库结构，应以城乡规划的数据作为主要的计算参数，以便支撑通过规划优化来改变碳排放的相关分析研究。

二是建构规划碳排放评估技术。当前城市规划在实现低碳发展方面的作用尚无法评估，方案的评价与比较只能侧重于对理念和策略的原则性分析，当多专业、多系统共同作用时，由于系统之间的相互作用存在多种可能性和多种组合关系，仅仅是主观的、定性的分析已无法支撑最优方案的选择，对总体规划进行定量的碳排放分析极为必要。建构与城市规划相关的碳排放量化分析手段，明确规划的碳减排责任、作用和方式，是城市规划完善的基础，并且应该将其作为规划工具融入城市规划的编制过程。规划碳排放评估分析方法应使减排目标可以落实到具体的空间规划中，应定量分析城市规划策略的减排能力，对规划策略组合的碳排放效果进行系统评估，充分体现策略动态关联和效果叠加的减排效果，解决常规静态评估无法克服的问题，为科学规划决策提供实用手段。

三是建立城市规划低碳评价指标体系。当前对城市减排效果的综合考评指标主要是与社会经济指标挂钩，如：单位 GDP 碳排放、人均碳排放，不能和城市空间规划直接挂钩。可将碳排放总量分解到具体的空间，从低碳角度直观地评估空间规划的效果，以主要城市规划要素的碳排放水平作为评价内容，建立城市规划低碳评价指标，并纳入城市规划评估评价工作中，对城市规划的总体减排效果进行评估（图 7-1）。

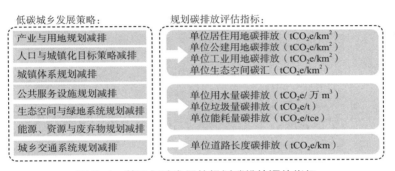

图 7-1　基于低碳发展的规划碳排放评估指标

（五）完善规划编制、审批管理及实施后评价机制

完善规划制度，改变目前按照规划面积收取编制费的思路，将低碳指导部门纳入城市规划审批参与部门，将城镇建设的低碳化作为规划实施评价的重要内容。

一是探索建立老城、新区有别的城市规划制度。贯彻落实资源有效利用的原则，革新原有的老城、新区均一的规划方法，建立起"老城、新区有别的城市规划制度"。对既有建成区，不能视其为一张白纸进行任意规划和拆迁改造，也无须重新规划所有用地的土地用途及强度规定，而要根据现状调查发现的存在问题，如需要改变什么？保护什么？可以保留什么？能够改善什么或调整什么？等等，有针对性地提出改善策略和空间安排，在尊重现状的基础上进行有机更新和渐进改善。对于新区的拓展，规划要有非常强烈的尊重自然、保护生态的意识，防止城市新区的拓展造成不可逆的生态破坏。

二是完善规划编制的相关技术指引。编制相关低碳城市规划编制技术指引和评价标准，提供对城市规划管理部门的技术依据。编制低碳详细规划编制办法，提供技术与规划设计标准。

三是完善规划编制和审批制度。改变目前城市规划"按面积计价"编制收费办法，借鉴国外经验，探索一套符合我国城市发展实际的收费办法。在现在审批制度的基础上，增加低碳生态部门作为城市规划审批的重要参与部门。在规划评审、审批制度上提高城市规划决策的科学性，城市决策者应当尊重科学、尊重规律，杜绝领导换届则规划大改的现象。

四是将低碳规划实施后评价与监测纳入城市规划实效评价体系。城市规划成果实施成效具有滞后性，规划的低碳效果更是如此。城市规划中的低碳各项措施是否有助于温室气体排放的减少，这是在短期内无法测度的。因此，需要城市规划实施的低碳评价与监测机制纳入城市规划实效评价体系，对碳排放进行管控，对城市规划的低碳绩效进行综合的评估，并提出根据结果进行实时修正的方法。

参考文献

[1] 胡建东 . 城市产业经济与城市规划关系初探 [J]. 上海城市规划，1999（6）.

[2] 史忠良等 . 产业经济学 [M]. 北京：经济管理出版社，1998.

[3] 韩少平 . 浅谈新时代我国的城市规划与经济发展 [J]. 内蒙古科技与经济，2005（2）.

[4] 朱介鸣 . 市场经济下中国城市规划理论发展的逻辑 [J]. 城市规划学刊，2005（1）.

[5] 仲利强 . 我国生态城市建设策略研究 [J]. 山西建筑，2005（18）.

[6] 卢济威 . 论城市设计的整合机制 [J]. 建筑学报，2004，（1）.

[7] 申连杰，常青 . 城市规划管理问题透视 [J] 城乡建设，2001，（3）.

[8] 宋振宇，陈琳 . 对城市规划管理体系的思考与认识 [J]，城市规划，1998（1）.

[9] 国务院发展研究中心课题组 . 中国城镇化前景、战略与政策 [M]. 北京：中国发展出版社，2010 年 .

[10] 陆大道，姚士谋等著 .2006 中国区域发展报告 [M]. 北京：商务印书馆，2007 年 .

[11] 中国发展研究基金会 . 促进人的发展的中国新型城市化战略 [M]. 北京：人民出版社，2010 年 .